国家社科基金项目"我国可移动文化遗产
保护体系研究"(08BTQ42)

国家"985工程"项目"语言科学技术与
当代社会建设跨学科创新平台"(985YK003)

王三山　周耀林　著

营造之道

中国建筑与园林

图书在版编目(CIP)数据

营造之道:中国建筑与园林/王三山,周耀林著. —武汉:
武汉大学出版社,2009.10
中国文化
ISBN 978-7-307-06957-2

Ⅰ.营… Ⅱ.①王… ②周… Ⅲ.①古建筑—简介
—中国 ②古典园林—简介—中国 Ⅳ.TU-092.2
K928.73

中国版本图书馆 CIP 数据核字(2009)第 044061 号

责任编辑:夏敏玲　　责任校对:王 建　　版式设计:马 佳

出版发行:武汉大学出版社　(430072　武昌　珞珈山)
　　　　　(电子邮件:wdp4@whu.edu.cn 网址:www.wdp.com.cn)
印刷:湖北恒泰印务有限公司
开本:950×1260　1/16　印张:9.25　字数:211 千字
版次:2009 年 10 月第 1 版　　2009 年 10 月第 1 次印刷
ISBN 978-7-307-06957-2/TU·78　　定价:28.00 元

版权所有,不得翻印;凡购买我社的图书,如有缺页、倒页、脱页等质
量问题,请与当地图书销售部门联系调换。

总　　序

王岳川

对中国文化之"道"与"艺"的思考，代不乏人，但是艺海无边，难穷其境；而小道易求，大道难觑，只好借助语言，也许，"道"在"言"中。沉迷于"周行不殆"的道之动，确乎感到"惟恍惟惚"。《老子》使我悟着点"道"的精神，将其放在中国文化的艺术精神和中国艺术的文化精神中去考察，更感到"艺"与"道"的关系紧密。就中国文化精神而言，哲学是诗学之魂，而诗学是哲学之灵。通过广义的文化诗学视域去看哲性诗学精神，进而在新世纪对中国文化逐渐加以世界化，确乎是一件有大文化意义的工作。

将艺术问题置入文化视野中加以探究，可使思路更灵活通透。文化是"人化"与"化人"。文化价值的主要功能是表达心灵境界和精神价值的追求，反映生命的时代本质特性和走向未来之境的可能性。当代文化艺术的定位是对传统文化精神的审视和选择的一种深化，在文化选择中不断提高选择主体——现代人的文化素质。文化之根系乎人，文化目的则是为了人——人自身的价值重建。

作为文化精神核心的艺术，是对主体生命意义的持存，对人类自由精神的感悟，对人类精神家园的守护。艺术是人的艺术，而人是文化的人。中国艺术是中国文化写意达情的象征符号，是中国文化意识的凝聚，是自由生命之"道"的本体活动。中国传统艺术的现代转型是中国文化转型的一个重要标志，不仅标志着传统中国艺术对现代人审美意识的重塑，而且也标志着现代人的开放性使中国艺术成为走向世界和进行文化对话的当代话语。

在中国艺术的当代历史文化建构和创造性转型问题上，那种认为只有走向西方才是唯一出路，才是走向了现代文化的观点，早已不合时宜了。这种观点实际上是把世界各民族文化间的"共时性"文化抉择，置换成各种文化间的"历时性"追逐。西方文化较其他文化先一步迈入了现代社会，但这并不意味着这种发展模式连同其精神生产、价值观念、艺术趣味乃至人格心灵就成为唯一正确并值得夸耀的目标，更不意味着西方的今天就是中国乃至整个世界的明天。历史已经证明，文明的衰落对每一种文化都是一种永恒的威胁，没有任何一种文化模式可以永远处于先进地位。

中国文化和艺术逐渐世界化正在成为可能。文化是不止息的精神生态创造过程，行进在新世纪的路途上，中西思想家和艺术家在互相对话和互相理解中获得全景性视界，并达成这样一种共识：在现代化的历史进程中，任何一个民族再也不可能闭目塞听而无视其他文化形态的存在；任何一个民族再也不可能不从"他者"的文化语境去看待和反思自身的文化精神。因为，了解并理解他人是对自身了解和理解的一种深化。中西艺术文化和哲学美学都只能由自由精神的拓展和生命意识的弘扬这一文化内核层面上去反思自己的文化，发现自己并重新确证自己的文化身份，开启自己民族精神的新维度。20世纪一次次中外文化诗学的论争，并没有解决或终结中国艺术的文化处境和思想定位问题，而是开启了重新审视、重新阐释、重新定位的文化思想大门。在这里，一切终极性和权威性话语都将让位于新世纪中西文化开放性话语对话。

中国哲学精神的开放性使得中国艺术精神成为一个生命体，一个不断提升自己的文化氛围，一个具有宇宙论、生死论、功利观、意义论的价值整体。在中国精神与西方精神的对比中，一般是提出"道中心主义"进行言述。事实上，中国精神的来源相当复杂，内涵颇为多元。

中国文化可以分成三个方面，即思想文化、艺术文化、实用文化。思想文化主要是儒道释三家。儒家文化的代表人物是孔子和孟子；道家文化的代表人物是老子和庄子；佛家文化主要是具有中国特色的禅宗。除思想文化以外，还有艺术文化，主要是琴棋书画。另外，还有实用文化，包括饮食、服装、民俗、节日等各个方面的实用文化。这种文化形态与中国人的思维方式和行为特征紧密相关。

中国文化的重要内容是思想文化。思想文化是中国文化的精神命脉，代表着中国文化的幽妙境界，展现出中国文化的自由精神。中国人不是像西方人那样，在人与人、人与自然、人与社会的冲突中建立自己的形象和本质，相反，中国人是在人与人、人与自然、人与社会的和谐中把握自己的本真精神，获得自己的本质特征。

中国文化中的儒家文化、道家文化、佛家文化分别形成中国思想文化的三个维度。儒家强调的是"和谐之境"，道家强调的是"妙道之境"，佛家强调的是"圆融之境"。因此，和谐、妙道、圆融之境是三家的最高境界。

"和"即中和。"中和"强调中国人意识中的人与社会的和谐关系，讲求消除心与物的对立，达到心物合一，知行合一，使宇宙与生命、人与自然、人与人、人与社会具有了和谐之美。因此，诉之仁爱中庸、不偏不倚、过犹不及的人格修养。中国文化张扬一种和谐的精神，使人正直而不傲慢，行动而不放纵，欢乐而不迷狂，平静而不呆板，达到一种均衡、稳定、平和、典雅之美。

道家强调"妙"。妙是一种化境，是生命空灵之道。也就是说，是以生命为美、以生命为善的精神升华。妙与精神的"虚实"紧密相关，即既重视物质又超越物质，既把握现实又超越现实之上，与事物的独特性和普遍性相联系，因而能够实中见虚，虚中见实，虚实结合，进而抵达玄妙之道。妙道与悟性有关，对生命世界有所领悟才能获得真正的智慧。可以说，禅宗强调境由心悟，只有达到生命的瞬间感悟，才能使人生产生高远的意义，才能对空间的无限、有限加以超越，对瞬间永恒加以把握。

佛家强调"圆融"之境，强调生命的圆满和慈悲。圆就是禅，生命本体与宇宙本体是圆融一体的，只有将自己的生命悟性贯穿在日常生活之中，在待人、接物、处世中体现宽博慈爱，才真正具有活生生的生命体验，才能把握自己的本心，直观自己生命的内在光辉，使生命充实而有意义。

中国艺术文化主要表现在诗歌、音乐、书法、绘画等艺术门类之中。它们构成了中国艺术精神的核心。

诗歌讲求境界，有境界则为高妙，无境界则流于低俗。境界的高下，不仅是生命人格高下问题，也是艺术价值高下的关键。诗人骚客那深厚绵邈的情思，通过非常贴切的语言表现出对宇宙家园的爱心，升华出一种寻找家园的深切情愫。

中国音乐特别重视音乐自身的魅力和人的心灵境界，强调音乐陶冶人的性情、改变人的心灵结构的作用。《二泉映月》那飘缈的琴音如泣如诉，将听者心灵荡涤得格外透明。中国音乐除了主要表现的线性结构的民族性以外，还以琴心对应的方式作用于人的精神，不管是古琴、古筝、二胡、埙、箫，都直接影响并生成了中国人的审美心灵宇宙。

同样，中国的书法绘画对中国人的心性有极大的影响。中国书法绘画的主要特点在于，以其极简略的笔墨、精粹的徒手线去表现人对万物的情思，用线条的起伏、粗细、曲直、干湿、轻柔、光润的不同变化去传达书画家的精神人格襟抱。

中国的饮食文化和民俗文化同样值得关注，它们已然成为中国人日常生活的重要组成部分。

中国人的思维方式具有中庸平和、辩证宽容、知足常乐、幽默圆熟的多元特性。一般而言，中国人往往注重强调智慧并淡化技术精神，更重视直觉而不太重视逻辑关系。中国人往往注重朋友日常间的信赖，只有经过长时间深切了解后才有可能成为可信赖的同仁。因此，中国人在接人待物上又显出重现实轻理想的实在性一面。

中国文化制约着中国人的行为方式，瑕瑜互见而呈现出：独善其身与公共精神的淡化；社会平等思想与特权意识并行；自由观念与浪漫逍遥共在；时间观念弱而办事效率缓；法律意识薄弱而心灵冲突巨大。

武汉大学出版社在新世纪海内外新一波的中国文化热中，适时推出这套"中国文化"丛书，无疑具有跨文化眼光。其中第一辑收有五本艺术方面的专著，显示出青年学者们徜徉于中国诗意文化中所做出的努力。这套丛书犹如一块精美的文化翡翠，呈现出中国文化的纹理。沿着充满意蕴的文化心理踪迹，我们得以走近经典并重新发现东方文化精神，在守正创新中感受新世纪大国崛起的"正大气象"。

是为序。

2008 年 12 月 29 日于北京大学

目　录

营造的意境——中国建筑与园林概述
自成体系的中国传统建筑 …………………………………… 3
传统建筑十大类型 …………………………………………… 7
"世界园林之母" ……………………………………………… 11
古典园林四大类型 …………………………………………… 14
世界遗产家族中的中国建筑与园林 ………………………… 17

神秘王国——中国建筑历史与文化
建筑的序幕 …………………………………………………… 23
商周遗韵 ……………………………………………………… 26
古代建筑的第一座高峰 ……………………………………… 29
佛教文化与魏晋南北朝建筑 ………………………………… 30
大唐气象 ……………………………………………………… 34
绚丽多姿的宋元建筑 ………………………………………… 36
古代建筑的集成和鼎盛 ……………………………………… 38
"墙倒屋不塌" ………………………………………………… 40
古建筑的重要标记——斗拱 ………………………………… 42
余音袅袅的群体布局 ………………………………………… 44
个性强烈的屋顶造型 ………………………………………… 44

建筑的等级特征 …………………………………… 51
古建筑与风水 ……………………………………… 53
建筑的艺术风采 …………………………………… 56

巧构奇筑——中国建筑个案赏析

南北长城展雄风 …………………………………… 61
清代最早的宫殿建筑群 …………………………… 65
古都北京展示着华夏意象 ………………………… 68
虎踞龙盘南京城 …………………………………… 71
神圣紫禁城 ………………………………………… 73
天人相接的伟构 …………………………………… 77
曲阜"三孔" ……………………………………… 80
丽江与平遥 ………………………………………… 83
慎终追远的建筑遗构 ……………………………… 89
道教建筑之最 ……………………………………… 95
佛教建筑奇葩 ……………………………………… 100
古塔风采 …………………………………………… 112
石窟寺 ……………………………………………… 118
都江堰 ……………………………………………… 126
江南三大名楼 ……………………………………… 128
民居搜奇 …………………………………………… 133
长虹饮涧古桥美 …………………………………… 145
中国最美的村镇 …………………………………… 157

立体诗画——中国园林历史与文化

园林源起 …………………………………………… 167

时代的动荡和园林的大变………………………………… 169
成熟期的隋唐园林………………………………………… 171
宋至清初园林的发展……………………………………… 173
盛极而衰的晚清园林……………………………………… 176
崇尚自然的园林体系……………………………………… 177
园林中的山和水…………………………………………… 179
四季常新的园林植物……………………………………… 182
园林中的建筑……………………………………………… 184
奇妙的借景………………………………………………… 187
对景、隔景、框景及其他………………………………… 189
园林艺术美………………………………………………… 191

鬼斧神工——中国园林个案赏析

皇家园林巡礼……………………………………………… 197
苏州四大名园……………………………………………… 206
岭南四大园林……………………………………………… 215
四大佛山园林景观………………………………………… 225
青城山的道观园林………………………………………… 234
西蜀名人纪念园林漫游…………………………………… 238
人间天堂西子湖…………………………………………… 243
宝贝园林罗布林卡………………………………………… 246

砖石之魂——建筑与园林中的文学遗产

饱含文化底蕴的文学艺术………………………………… 251
苏州园林的砖刻…………………………………………… 252

匾额与楹联……………………………………… 254
名山名楼与诗文………………………………… 266

后记……………………………………………… 280

营造的意境

中国建筑与园林概述

自成体系的中国传统建筑

雨果把建筑看作是"用石头写成的史书",歌德认为它是"凝固的音乐"。人类在长期的发展中,积累了丰富的建筑经验,形成了建筑文明,由此带动了城市文明的产生和发展。同时,建筑不仅仅是一种工程技术,更重要的是,它是民族文化、民族精神和民族信仰的物化。

中国建筑的演变经历了漫长的时期,从洞穴到地上筑屋,从树干墙屋到钢筋水泥,从简易茅屋到摩天大楼,经历了数百万年的时间。在这一变化过程中,人类从自然的恐惧者变为自然的征服者。在中国这样一个拥有三千余年文字记载历史的文明古国,中国的建筑创造了一个又一个的建筑奇迹,形成了独具中国特色的建筑文明,成为与西方建筑和伊斯兰建筑并列的世界三大建筑体系之一,自豪地立足于世界建筑之林。

考察中国建筑的历史,如果从北京周口店猿人居住的洞穴算起,至今已经过了50万年的沧桑岁月。然而,真正的建筑体系大约发端于距今8000年的新石器时期,初步具有艺术美要求的建筑则出现于公元前4000年的新石器时代中期。考古发掘表明,7000年前河姆渡文化中即有榫卯做法,半坡村已有前堂后室之分,商殷时已出现高大宫室,西周时已使用砖瓦并有四合院布局,春秋战国时便有建筑图传世……透过这些建筑成就,我们不仅可以一窥建筑的历史原貌,也可以体察古人在征服自然、改造自然过程中所留下的最为巨大、壮观的痕迹。

从建筑体系看,中国传统建筑体系从原始社会开始萌芽,历经商周秦汉，成熟于唐宋，终结于 20 世纪初。在漫长的保持其自身个性的发展历程中，中国古代建筑的全部发展历史可分为 4 个大的阶段：商以前为萌芽阶段；商周到秦汉是成长阶段，秦和西汉是发展的第一个高潮；历魏晋经隋唐至宋，古代建筑结构体系成熟了，产生了唐代的高峰，也是我国建筑的第二个高潮；元至明清是充实与总结阶段，明至清前期是第三个高潮。这些建筑高潮的形成除了与当时政治安定、经济繁荣、国富民强直接关联外，还取决于当时的文化思想和艺术观。

就建筑风格而言，秦汉建筑艺术"豪放朴拙"，隋唐建筑"雄浑壮丽"，而明清"精细富缛"。以最重要的建筑都城为例：秦汉促进了中原与吴楚建筑文化的交流，建筑规模宏大，礼制结构完备，建筑组合多样。秦都咸阳宫殿遗址多在城北山坡上，地势居高临下，后在渭河以南也修筑了大量的宫殿园苑，以上林苑中阿房宫的规模最为宏大。项羽西入咸阳，焚秦宫室，火三月不灭，足见其规模之宏大。隋唐都城规划已完全规整化，气势恢弘，格律精严。宫殿组群极富组织性，空间尺度巨大，舒展而大度。明清的都城仍然规整方正，商店居宅临街向道，面貌生动活泼。尽管此时的宫殿规模远小于隋唐，序列组合却更为丰富细腻。隋唐长安、元大都和明清北京，是中国历史上最负盛名的三大帝都，从后文的个案分析中可以得到上述结论。

从建筑结构看，中国建筑以木结构为主，通常以典雅、倾斜上扬和巨大的屋顶以及群体组合形成建筑格局。由于汉族人数长期以来占绝大多数，中国传统建筑以汉族建筑为主，主要包括城市、宫殿、坛庙、陵墓、寺观、佛塔、石窟、园林、衙署、民间公共建筑、景观楼阁、王府、民居、长城、桥梁等类型以及牌坊、碑碣、华表等建筑小品。它们除了具有基本相同的建筑结构外,又受时代、地域等方面的影响。各少数民族在建筑方面也创造了辉煌的成绩,如侗族的鼓楼、吊脚楼、风雨桥等,在建筑风格上也颇具特色。

从建筑思想看,基于中国长期的宗法社会土壤,中国建筑以宫殿和都城规划的成就最高,突出了皇权至上的思想和严密的等级观念,体现了古代中国占统治地位的政治伦理观和礼制,这与欧洲、伊斯兰或古印度建筑的神庙、教堂和清真寺等宗教建筑思想明显不同。宫殿建筑从夏代已经萌芽,隋唐达到高峰,明清更加精致。西周已形成了完整的都城规划观念,重视规整对称,突出王宫的格局。春秋战国时期规整格局有所破坏,汉代又开始回归规整,隋唐完成了规整这一过程,元明清则更加丰富。这种宗法伦理观念影响到了几乎所有建筑类型,尤其是陵墓建筑。在佛教传入后,佛教建筑,包括佛寺、佛塔和石窟,还有石幢、石灯等建筑小品,早期受到印度的影响,很快就开始了其中国化的过程,体现了中国人的审美观和文化性格,充满了宁静、平和而内向的氛围和海纳百川的思想精髓。这与西方宗教建筑的外向、动感完全不同。

在建筑艺术上,中国古代建筑通过自己的艺术形象,巧妙地运用了空间、形、线、色彩、质感、光影等表现手法,给人以精神上的享受。同时,还结合气候、地理、文化等不同条件,形成了建筑艺术的地域差别:同样是桥,江南名桥与侗族风雨桥的艺术元素相去甚远;同一民族,由于地域条件的不同,建筑形式也不一样,塔建筑即可表明这一点。当然,最为重要的,建筑还表现为一种实用的艺术,是实用、坚固、美观的结合体。这也是欣赏建筑艺术的基本出发点。

在建筑历史上,尽管中国与他族发生过接触与交流,但建筑的基本结构及部署之原则,在近代以前基本上未受外族建筑的影响。近代,中国建筑受新文化运动的影响,呈现出新与旧、中与西复杂交织的特殊面貌,使用了新型建筑材质及与之相对应的新的结构方式、施工技术、建筑设备,车站、银行、医院、学校和新式住宅等新型建筑开始出现。到了当代,在世界10幢最高建筑中(包括正在修建的),中国的占了一半,这充分反映了中国人民在建筑方面的天赋和技术。尽管钢筋水泥代替了传统的木结构,但谁又能否认古代建筑的影响呢?!可以这样认为,近代以来直到今天,中国建筑在传统的土壤上,结合新的时代要求和新的建筑手段,吸收外来建筑文化,继续前进着。

从建筑的影响看,中国式建筑以中国大陆为中心,波及朝鲜、日本、越南和蒙古等广大地区,产生了巨大影响。这些国家与中国一起,共同构成了以中国建筑为核心的东亚建筑。同时,中国建筑早在汉晋时代又接受了主要来自南亚和中亚的影响,这些影响在历史的长河中都被中国建筑融化为自身的有机部分。佛教寺庙建筑便是受到外来建筑影响的鲜活的例证。

此外,我国55个少数民族的建筑也异彩纷呈,大大丰富了中国建筑的整体风貌。例如,藏族建筑深植于独特的藏传佛教文化土壤之中,吸收了汉族建筑的一些形象和手法,特色鲜明,规模宏大,色彩鲜艳。其杰作之一布达拉宫不愧为世界级的建筑艺术精品。傣族建筑受泰、缅等佛教流行国家的影响较大,除富于特色的干阑式民居外,其妩媚玲珑的佛寺佛塔更具风韵。侗族建筑则以其特有的鼓楼和风雨桥闻名中外,艺术性格质朴古拙。郭沫若先生游历侗族程阳风雨桥后欣然题写了桥名,并赋诗曰:"艳说林溪风雨桥,桥长廿丈四寻高;重瓴联阁怡神巧,列砥横流入望遥。竹木一身坚胜铁,茶林万载苗新苗。何时得上三江高，学把犁锄事体劳。"由此可见侗族建筑艺术的魅力。此外，回族、纳西族、白族、土家族和朝鲜族等少数民族民居也都各具特色。这些民族的建筑艺术作品与汉族建筑一起，共同组成了我国灿烂的建筑文明。

传统建筑十大类型

著名建筑史专家罗哲文先生说，"我国现在保存下来的古代建筑非常丰富，它们本身就构成了一部实物建筑史"。悠久的历史、宏伟的工程、精湛的技艺、独特的风格大多可以从古建筑实物和遗址中得到反映。中国古代建筑类型五彩缤纷，形式多样，主要有十大建筑类型：

一、都城府第建筑，如皇宫、衙署、殿堂、宅第等。

二、防御守卫建筑，如城墙、城楼、堞楼、村堡、关隘、长城、烽火台等。

三、纪念性和点缀性建筑，如市楼、钟楼、鼓楼、过街楼、牌坊、影壁等。

四、陵墓建筑，如石阙、石坊、崖墓、祭台以及帝王陵寝宫殿等。

五、园囿建筑，如御园、宫囿、花园、别墅等。

六、祭祀性建筑，如文庙（孔庙）、武庙（关帝庙）祠宇等。

七、桥梁及水利建筑，如石桥、木桥、堤坝、港口、码头等。

八、民居建筑，如窑洞、茅屋、草庵、民宅、庭堂、院落等。

九、宗教建筑，如佛教的寺、庵、堂、院，道教的祠、宫、庙、观，回教的清真寺，基督教的礼拜堂等。

十、娱乐性建筑。如乐楼、舞楼、戏台、露台、看台等。

这些建筑都有自己的建筑特点和发展历史，就像相互衔接的各个乐章，共同构成中国古代建筑这一"凝固音乐"。

在我国，商周时代就已出现了规模较大的都城和地方城邑，那是国王和诸侯按照各自的等级而建造的，并成为奴隶制中心和各诸侯国的统治中心。秦始皇统一中国后，废除了分封制而实行中央集权的郡县制，城市也就成为中央、郡、县的统治机构所在地，以后两千多年的封建社会，尽管地方建制时有变动，但城市的主要功能大体未变。古代城市周围一般都有一套完整的防御性建筑物，称为"城"或"城池"，它以闭合的城墙为主体，包括城门、墩台、楼橹、壕隍（即护城河）等。"城"也指边境的防御墙（如长城）和大型屯兵堡寨。一般京城有3道城墙：宫城（大内、紫禁城）、皇城或内城、外城（郭）。明代南北二京有4道城墙。城通常是2道城墙：子城（内城）和罗城（外城）。城市布局以宫廷或地方政府机构为主体加以规划，道路多采取南北向为主的方格网布置，有的也因地制宜，不拘轮廓的方整和道路网的均齐，这一点在南方水乡和山区尤为明显。

中国古代城市尤其是都城规模之大，在世界古代城市建设史上是罕见的。有学者曾列举世界古代10座城市面积进行比较，从中我们可以深切体会到中国古代城市建设的发达：

一、隋大兴（唐长安），84.10平方公里（公元583年建）。

二、北魏洛阳，约73.00平方公里（公元493年建）。

三、明清北京，60.20平方公里（公元1421—1553年建）。

四、元大都，50.00平方公里（公元1267年建）。

五、隋唐洛阳，45.20平方公里（公元605年建）。

六、明南京，43.00平方公里（公元1366年建）。

七、汉长安（内城），35.00平方公里（公元前202年建）。

八、巴格达，30.44平方公里（公元800年建）。

九、罗马，13.68平方公里（公元300年建）。

十、拜占庭，11.99平方公里（公元447年建）。

另有北宋东京城深埋地下，目前尚难取得确切资料，据史料记载推算，面积约50平方公里，与元大都略同。

如果要甄选中国古代每一时期最具技术和艺术水平的建筑的话，那么就应该是宫殿、坛庙和陵墓了，因为这些建筑是帝王权威和统治的象征，是中国古代最隆重的建筑物，它们集中了当时最高明的技术和最成熟的艺术，并耗费了当时无以复加的人力和财力。因为文化的差异，可以说，西方建筑史实际上是一部以神庙、教堂为主的宗教建筑的历史，而中国的建筑史则是一部以皇城、宫殿和坛庙这一类礼制建筑为中心的历史。西方建筑以单体的宏伟、典雅、豪华而给人以深刻印象，中国古代建筑则因群体布局的空间处理而受到后人的特别青睐。

中国古代宫殿建筑的发展，据潘谷西先生指出，大致有四个阶段：第一，"茅茨土阶"的原始阶段。商朝以前因为没有发明瓦，即使最隆重的宗庙、宫室，也用茅草盖顶，夯土筑基。第二，盛行高台宫室的阶段。这一阶段始于春秋战国时期，其遗风直达封建社会末期，绵延两千余年。第三，宏伟的前殿和宫苑相结合的阶段。秦汉时期，这种宫殿布局方式标举一时，独领风骚。第四，纵向布置"三朝"的阶段。隋文帝营建大兴宫，追随周礼旧制，沿轴线纵向布置三殿或"三朝"：承天门为大朝，大兴殿、两仪殿为日朝和常朝。此后直到明清，此种布局一以贯之，如故宫太和、中和、保和三殿前后纵列。三朝之前，则有层层门阙，如故宫有大明门、天安门、端门、午门、承天门五重门，形成典型的"三朝五门"格局。秦汉以后宫室发展趋势是：规模渐小；宫中前朝部分加强纵向的建筑和空间层次，门、殿增多；后寝居住部分由宫苑相结合的自由布置演变为规则、对称、严肃的庭院组合。

坛庙是为举行祭祀典礼而营造的建筑物，故又称为"礼制建筑"。中国古代坛庙主要有三类。第一类是祭祀自然神，包括天地日月、风云雷雨、社稷（祭土地之神）、先农（祭神农）之坛，五岳、五镇（祭山神）、四海、四渎（祭水神）之庙。第二类是祭祀祖先的庙宇，帝王祖庙称太庙，臣下称家庙或祠堂。第三类是先贤祠庙，如孔子庙（又称文庙）、关帝庙（又称武庙，江南地区多为岳飞庙）、诸葛武侯祠、包公祠等，其中数量最多、影响最大的是孔庙。

中国古代一直盛行厚葬制度，统治阶级不惜耗费巨大的人力物力为自己建造地下冥居，企求到另一个世界去享受与人间一样的富贵荣华。尤其帝王陵墓，其建筑之精美，宝藏之丰富，几与宫殿相媲美。一般说，陵墓分为地下和地上两部分。地下部分主要是安置棺椁的墓室，帝王陵墓的地下墓室规模宏大，结构严密，有如地下宫殿。地面部分则主要是环绕陵体而形成的一套建筑。其布局往往利用自然地形，靠山建坟，当然也有陵墓建造在平原上的。唐宋以后帝王陵墓的地面部分通常是在四周建陵墙，四面开门，四角建造角楼。陵前建有神道，神道上建有门阙，还有石人、石兽雕像，给人一种肃穆、宁静之感。

我国古代宗教性建筑除佛教的寺、塔、石窟外，主要还有道教宫观和伊斯兰教的清真寺。

民居是历史上最早出现的建筑类型,也是最基本、数量最多的类型。由于中国疆域辽阔,自然环境相差很大,建筑材料多样,以及民族和地区风俗习惯存在差异,所以民居住宅形式、结构、装饰艺术、色调等都有所不同,各具特色。

"世界园林之母"

什么是园林?丁守和主编的《中华文化辞典》中说:"园林是将大自然的风景素材,通过概括和提炼,创造各种理想意境,从而再现自然景观的艺术建筑。它主要由树木、山水和建筑三方面组成。大型园林一般利用天然环境,因地制宜,通过艺术加工而成;中小型庭院园林,则利用构筑假山,挖池蓄水,种植竹木花草,创造各种精美的景观而构成。"中国园林在世界上享有崇高的声誉,被欧洲人誉为"世界园林之母"。1994年后,承德避暑山庄,北京颐和园,苏州拙政园、留园等先后被联合国教科文组织列入《世界遗产名录》。中国优秀的古典园林遗产成为全人类的文化遗产,引起了全球的关注,中国园林艺术风靡全球。

其实,古典园林是传统文化的一个重要组成部分,中外如出一辙。作为一种文化的载体,它不仅客观地反映了各国不同时期的历史背景、政治风貌、经济发展、社会兴衰以及工艺水平,而且反映了不同地域、国家和不同历史时期的人们对于个人、自然与社会的关系的阐释以及造园者的人生哲学。中国古典园林作为世界园林的发源地,不仅折射出造园者以及当时的自然观、社会观,而且蕴含了儒教、佛教、道教等哲学、宗教思想以及山水诗、画等传统文学与艺术，凝聚着古代中国人民的智慧。

从"囿"、"灵囿"等园林建筑雏形开始，中国古典园林在不断地发展着。从秦汉时期大量的山水宫苑，到魏晋寺庙园林的产生，再到唐宋写意山水园林的产生及其在明清时期的成熟，中国古典园林创造了一个又一个高峰。魏晋时北方民族进入中原，形成民族大迁移、大融合的复杂局面。中原士族南渡，江南地区开始登上建筑艺术舞台。除了传统的宫殿建筑外，佛寺、佛塔和石窟开始大量出现，老庄思想盛行，文人退迹山林，中国园林获得了发展的契机。隋唐在长期动乱以后复归统一，尤其盛唐时代，政治安定、经济繁荣、国力强盛，建筑取得了空前成就。这时，园林成为一个主要的建筑类型。到了明清时期，园林的发展则沿着皇家园林和私家园林两个方面向着精细化发展。可以说，古代造园者（不论是帝王将相还是文人士大夫）的生命体验及其寄托的情怀都凝固在园林之中。

中国园林主要有皇家园林和私家园林两种。两汉时以前者为主，其成就高于后者。唐宋以后私家园林的造园水平渐高。到了清代，皇家园林转而要向私家园林学习。事实上，皇家园林与私家园林具有共通的艺术特质，但私家园林更多地体现了文人学士的审美心态，现存者以江南地区成就最高，风格清雅、手法精妙；皇家园林主要在华北发展，现存者以北京一带最为集中，规模庞大、风格华丽。

中国园林的最大特点是强调人工与自然的对比，高度尊重自然，与自然协同。老子《道德经》曰："人法地，地法天，天法道，道法自然。"老子的这种思想不仅体现了中国人上古的自然崇拜观念，同时也影响了中国历代的园林建筑。中国的园林建筑最主要体现的是天、地、人的自然融合，其主要要素是山、水、花草、动物和建筑。中国园林起源于灵台、灵沼，而灵台、灵沼分别对应山、水。又因为山、水是自然的基本元素，而将建筑置于山、水之中，便形成了"天人合一"的关系。这种"天人合一"的传统思想主要是通过构架山水、模拟仙境、移天缩地、诗情画意等手法得以体现，从而达到"虽由人作，宛自天开"的最高境界。园林建筑与自然高度协同，这与欧洲或伊斯兰的几何式园林存在着很大的差别。

中国建筑具有礼仪性，中国园林也是如此。查尔斯·詹克斯指出，"如果园林确是严肃地试图表征宇宙，而且真也表征永恒之国或佛国乐土的话，那么园林的结构应同其他的宗教形式或礼仪的空间具有某些共同之处"。在中国，园林可能存在不同的象征意义，但通常与风水有关。

中国传统园林给人的美学感受是多方面的、多层次的。例如，通过借景为游览中景区的转换作出铺垫。景区的名字往往意味深长。以网师园为例，所谓"网师"，乃渔夫别称，而渔夫在中国古代文化中既有隐居山水的含义，又有高明政治家的含义。此外，园林佳联往往有点景抒情之意，使眼中之景与心中之情融为一体，突出了园林的魅力。

我国丰富多彩的园林及其美学感受对西方国家的园林产生了两次重大的影响。第一次是在17世纪至18世纪，欧洲刮起了"中国风"文化运动，中国的瓷器、壁纸、刺绣、服装、家具、建筑等风靡了以英国和法国为代表的欧洲国家。中国的园林深刻影响了欧洲的造园艺术，受到欧洲人的关注和喜爱，他们开始了"中国风"造园的实践。短短几十年间，欧洲大陆上兴建了不少中国式园林。1980年后，中国园林开始对西方世界发动了第二次冲击。中国的造园艺术再次被介绍到西方世界，由此产生了纽约大都会博物馆明轩。其后，随着国际交流的不断增多，中国园林频繁出现在世界舞台上。至 2000 年，国外的中国式园林多达 50 余处，分布在五大洲的 20 多个国家，包括慕尼黑芳华园、法兰克福春华园、英国燕秀园、加拿大温哥华逸园、澳大利亚悉尼谊园等。"半槛泉声过四海，一亭诗境飘域外。"正如王德胜先生所说："全人类必将可以如共赏云影和月光那样，共享中国园林之美。"

古典园林四大类型

悠悠 3000 年博大而精深的中国风景式园林体系，内涵极其丰富，它在源远流长的发展过程中，由于开发方式、隶属关系以及地域等的不同，逐步形成了不同的风格。因此，了解中国古典园林的类型，对我们知园、品园乃至造园，都不无裨益。然而，需要看到的是，中国古典园林体系实在太博大、太复杂、太深奥了，以至于专家们对它的类型划分始终未能达成一致的观点。

一种是依据园林基址的选择和开发方式的区别，将中国古典园林分为人工山水园和天然山水园两大类型。前者是在平地上开凿水体、堆筑假山，人为地创设山水地貌，配以花木栽植和建筑营构，把天然山水风景缩移模拟在一个小范围之内；后者一般建在城镇近郊或远郊的山野风景地带，包括山水园、山地园和水景园等，是根据天然风景加工改造而成的。

另一种是依据地域的不同而将中国古典园林分为三大类：集中于古都北京、西安、开封、洛阳等地的称北方园林，其风格以典雅堂皇著称；集中于南京、扬州、无锡、苏州、杭州等地的称江南园林，其风格以曲折幽深见长；集中于惠州、潮州、广州等地的称岭南园林，其风格以朴实素秀取胜。

再一种是按照园林的隶属关系来划分。或分为两大类：一类是皇家园林，一类是除皇家园林之外的，统称私家园林；或分为三大类：皇家园林、私家园林、寺观园林。目前，后一种分法为许多学者所接受，但它却遗漏了园林的一个重要种类：风景名胜园林（或称自然风景园林）。当然，有学者并不将这类园林看作是园林，但它具备了园林的4个构景要素，即山、水、植被和建筑，同时，它又是经过历代人士开发和经营而成的，既有自然景观之美，又兼具人文景观之胜。作为公共游览地，它完全可以称作是园林。从隶属关系上看，在古代，它多隶属于封建政府。

大体而言，目前园林界持相同看法最多的，是将中国古典园林分为4个基本类型：皇家园林、私家园林、寺庙园林（包括寺观、祠庙园林）和风景名胜园林。

中国古代造园活动与世界其他古老国家一样，是由皇家园林开始的。皇家园林是历史上帝王营构的离宫别馆，专供帝后游乐、居住、听政。总体来说，皇家园林在艺术风格上以庄重华丽为主，在规则中求得变化，在华丽中求得闲雅。在它长期的发展过程中，其风格也从密集而庄严的宫殿建筑群的园林，逐渐演变为自然的山水型园林。皇家园林主要分布在古代都城及其郊野的自然山水之中，有的也选择在离都城较远的风景胜地。

今天我们看到的皇家园林，主要是明清两代的遗物，如北京的北海、颐和园、故宫御花园，承德的避暑山庄等。它们代表了皇城内禁苑、近郊宫苑和远离京城的离宫3种类型，具有极高的艺术价值。至于历史上更为久远的皇家园林，大都毁于历代战火，即便有后世改建的，也已不复原貌了，如陕西临潼华清池等。另外，一些帝王陵墓和坛庙，因其高度园林化，故也可划入皇家园林的范围之内。

如果说皇家园林是与宫殿建筑同步发展的产物，那么，私家园林则与民居建筑有着不可忽略的紧密关系。与皇家园林相比，私家园林规模要小得多，一般又不能将自然山水圈入园内。为了突破这些不利因素，私家园林形成了小中见大、造园手法丰富多样的特色。这种私家园林以江南地区数量最多，艺术水平最高。前文叙述的造园艺术手法，大多为江南私家园林所发明。现存江南私家园林多为明清时所构建，其中苏州沧浪亭、狮子林、拙政园、留园、网师园，扬州个园、何园，无锡寄畅园，上海豫园等，可视为代表作。

至于以北京为中心的北方私家园林，园主多为皇亲国戚、达官贵人。这些园林从总体布局到山水处理、建筑形式，甚至内部装饰，都仿照皇家园林。这和追求超脱世俗意境的江南私家园林明显不同。岭南私家园林没有受皇家园林规则的制约，也不学江南园林那样严谨的章法，往往具有比较明显的随意性，使园林风格更富有民间气息。

寺庙园林是指附属于佛寺、道观或坛庙祠堂的园林。有学者指出，由于不少寺庙本身就是园林化的建筑群，点缀在自然山水之中，所以，寺庙园林有的也可以称为园林寺庙。这种点缀在自然山水之中的园林，往往和风景名胜交混存在，成为风景名胜园林的组成部分。

中国有很多风光旖旎的自然风景区，其中有一些靠近城市，或交通方便，或自然风光特别迷人，于是，历代人士对之进行开发和经营，从而出现了许多位于自然风景区的风景名胜园林，杭州西湖、扬州瘦西湖、济南大明湖、兰州五泉山等均属此类。这种园林是在自然山水中发展起来的，历代都有兴毁，通常以自然风景为主，人工点缀为辅。风景名胜园林一般与老百姓生活关系密切，具有公共游览性质，其景观内容也极为丰富，更有园中之园，令人流连忘返。

世界遗产家族中的中国建筑与园林

什么是世界遗产？据国家文物局世界遗产处王大民介绍，"世界遗产是大自然和以往人类留下的最珍贵的遗产。世界遗产分为世界文化遗产和世界自然遗产两种，有的世界遗产既是世界文化遗产又是世界自然遗产，统称为世界混合遗产，或叫双重遗产。此外，为了保护不是以物质形态存在的人类遗产，联合国教科文组织还核定公布'人类口头和非物质遗产'。"可见，世界遗产存在不同的类型，是同类遗产中级别最高的部分。一旦被确认为世界遗产，该遗产就会被列入《世界遗产名录》，将成为世界级的名胜，可受到"世界遗产基金"提供的援助，还可由有关单位开发游览宣传活动。截至 2008 年 5 月，全球共有世界遗产 878 项，包括文化遗产 679 项，自然遗产 174 项，文化与自然双重遗产 25 项，人类口头和非物质遗产 90 项。其中，前 3 项可以合称为物质遗产，分布在全球 140 个成员国中，而人类口头和非物质遗产分布在全球 69 个国家中。

中国上下五千年，文化遗产璀璨夺目。从 1987 年世界遗产委员会第 11 届会议最早批准中国的故宫等 6 处世界遗产起，至 2008 年 5 月，中国已有 37 处文化遗址和自然景观被列入《世界遗产名录》，其中文化遗产 26 项，自然遗产 7 项，文化和自然双重遗产4项。此外，还有人类口头和非物质遗产4项。非常值得一提的是，截至目前，中国的世界遗产在全球居第三位（意大利41项（含意大利和罗马教区合1项），西班牙39项），这表明了我国遗产的丰富程度及其在世界的突出地位。

这些遗产分别是：

26项世界文化遗产及其入选年份：长城（1987），故宫（1987—2004），莫高窟（1987），秦始皇陵及兵马俑坑（1987），周口店"北京人"遗址（1987），承德避暑山庄及周围寺庙（1994），曲阜孔庙、孔林、孔府（1994），武当山古建筑群（1994），拉萨布达拉宫（大昭寺、罗布林卡）（1994—2000），庐山（1996），丽江古城（1997），平遥古城（1997），苏州古典园林（1997—2000），北京颐和园（1998），北京天坛（1998），大足石刻（1999），皖南古村落（2000），明清皇陵寝（2000—2004），龙门石窟（2000），青城山与都江堰（2000），云冈石窟（2001），高句丽王城、王陵和贵族墓葬（2004），澳门历史城区（2005），殷墟（2006），开平碉楼与村落（2007），福建土楼（2008）。

7项世界自然遗产及其入选年份：九寨沟（1992），黄龙风景区（1992），武陵源（1992），云南"三江并流"保护区（2003），大熊猫栖息地（2006），中国南方喀斯特地貌（2007），江西三清山（2008）。

4项自然文化双重遗产及其入选年份：泰山（1987），黄山（1990），峨眉山/乐山大佛风景区（1996），武夷山（1999）。

4项人类口头和非物质遗产代表作及其入选年份：昆曲（2001），古琴艺术（2003），中国新疆维吾尔木卡姆艺术（2005），蒙古族长调民歌（2005）。

进一步地，在中国的世界遗产中，建筑遗产和园林遗产有26项，占总数的80%以上，这足以表明这两类遗产的重要程度。

为了醒目地显示这些具有世界意义的遗产，中国的世界遗产标志是将世界遗产通用标志中的西班牙文更换成中文"世界遗产"，其他方面不变，如下图所示。

中国的世界遗产标志

凡是被列入世界遗产的项目，其标志都必须经过国家有关机构的审核才能制作和悬挂。1998年5月25日，中国联合国教科文组织全国委员会、建设部和国家文物局在北京联合向19个被联合国授予《世界自然和文化遗产》的遗产管理单位颁发世界遗产标志牌，世界遗产标志开始在中国被列入《世界遗产名录》的地方永久悬挂。

中国建筑历史与文化

建筑的序幕

人类最早的建筑跟艺术并没有什么特殊的关系，它只不过是我们的祖先用以遮蔽风雨、防御野兽袭击的栖身之地而已。这种简陋的"建筑"，许多文献记载和考古资料证实主要有两种：一为"巢居"，即在树上搭巢居住；一为"穴居"，即利用天然山洞或掘土穴藏身。《易·系辞》中的"上古穴居而野外"，所记载的正是这个历史阶段。当时，山洞高于河面，是理想的藏身和保存火种的地方。在许多天然洞穴中发现的曾使用过的火和粗制石器的遗迹，便能够说明这一点。其中，最为著名的是周口店"北京人"居住的洞穴。

周口店"北京人"遗址位于北京市西南48公里房山区周口店村的龙骨山。该山布满大小不等的天然洞穴。其中一东西长约140米的天然洞穴，即是"北京人"居住的洞穴，俗称"猿人洞"。1929年，首次在此洞发现古代人类遗存，此洞后被称为"周口店第一地点"。在"北京人"居住过的洞穴里，发现了厚度达4~6米、色彩鲜艳的灰烬，这表明"北京人"已懂得使用火、支配火、保存火种的方法，证明了"北京人"已经学会使用原始的工具从事劳动，从而揭开了人类的序幕。"北京人"及其文化的发现与研究，解决了19世纪爪哇人的发现以来科学界争论了近半个世纪的"直立人"究竟是猿还是人的问题，为人类起源提供了大量富有说服力的证据。大量事实表明，"北京人"生活在距今50万年到20万年之间，是属于从古猿进化到智人的中间环节的原始人类，这一发现在生物学、历史学和人类发

"北京猿人"洞遗址

展史的研究上有着极其重要的价值。到目前为止，直立人的典型形态仍然是周口店"北京人"，周口店遗址依然是世界同期古人类遗址中材料最丰富、最系统、最有价值的一个，是当之无愧的人类远古文化宝库。正是因为其独特价值，周口店"北京人"遗址根据世界文化遗产遴选标准Ⅲ、Ⅵ于1987年12月入选《世界遗产名录》。世界遗产委员会的评价是："周口店'北京人'遗址位于北京西南48公里处，遗址的科学考察工作仍然在进行中。到目前为止，科学家已经发现了中国猿人属'北京人'的遗迹，他们大约生活在中更新世时代，同时发现的还有各种各样的生活物品，以及可以追溯到公元前18000年到公元前11000年的新人类的遗迹。周口店遗址不仅是有关远古时期亚洲大陆人类社会的一个罕见的历史证据，而且也阐明了人类进化的进程。"

我国是世界上洞穴资源最为丰富的国家。洞穴往往是大自然的杰作，它为古人提供了天然的巢居。随着洞穴探险活动的开展，越来越多的洞穴被发现、探测、开发。许多洞穴中有巨大的洞穴厅堂，全世界已知平面面积大于30000平方米的单个厅堂共有24个，我国就占了7个。2005年由《中国国家地理》主办、全国34家媒体协办的"中国最美的地方"评选活动中，"中国最美六大旅游洞穴"是：织金洞（贵州毕节）、芙蓉洞（重庆武隆）、黄龙洞（湖南张家界）、腾龙洞（湖北利川）、雪玉洞（重庆丰都）、水洞（辽宁本溪）。随着考古工作的开展，新的洞穴还在不断地被发现，尤其是人工开凿的洞穴，更多地体现了古人的智慧。

有意义的是随着自然条件的变化和人类进步，巢居逐渐从树上下落到地面，而穴居也渐渐从地下上升到地面，于是，有基础、有墙壁、有屋顶等结构的地面建筑形成了。当然，这一变化过程经历了令人难以置信的数十万年的漫长岁月。

许多学者向来不认为中华文明仅仅发源于黄河，他们的意见是，长江、珠江及其他伟大的河流同样应该是孕育中华文明的摇篮，当然这还只是一种没有确证的假说。1973年夏天，浙江省余姚县罗江人民公社社员在河姆渡村建造排灌站时，意外地为上述假说找到了一条相对来讲颇有说服力的证据。考古家们异常兴奋地宣布：河姆渡农民发现了一处可能有7000年历史的新石器时代早期的文化遗址。这里向人们展示的不可思议的原始文化现象被命名为"河姆渡文化"，其最显著的特色之一是保存了许多源于巢居的干阑式建筑遗迹。建筑学上所说的"干阑"，是用桩木架空地板的一种木结构房屋。据河姆渡遗址发掘报告称，这里至少有3排（栋）建筑，一般是下部打木桩，形成架空的房基；桩上为横木，铺有木板，即居住面；其上为立柱，有大小梁。这种干阑式房屋曾流行于长江流域及其以南地区，至今仍可见其遗风。

在西安市东6公里处的浐河东岸半坡村，考古学家发现了一座总面积约5万平方米的大型新石器时代遗址，属著名的仰韶文化类型，其时间比河姆渡文化略晚，因此，它的建筑技术和规模显得更加进步。半坡遗址分居住区、制陶窑场和公共墓地3部分。居住区内密集而有条不紊地排列着数十座氏族成员住房。其中心部分是一座具有相当规模的方形大房屋，可能是氏族举行集会所用的公共活动场所；居住区周围有深宽各约五六米的壕沟，应该是防卫设施。氏族成员的住房有方形和圆形两种，均为伞架式结构的尖顶独间小屋，以密排的小柱构成墙体的骨架，屋中央立若干木柱用以斜搭椽木，屋面和墙壁敷有厚厚的草泥，木料之间用藤条绑扎，屋内有火塘供熟食、取暖和照明。从建筑角度来看，半坡仰韶文化的房屋奠定了中国建筑的基础，并无可争议地成为中国建筑的原始状貌实证。

中国原始建筑遗迹远不止上述两例，这已经被发达的现代考古学所证实了，而且，由于考古学家们仍在不懈地进行着艰难但十分有趣的考古工作，他们的成果必将为后人勾勒更清晰的原始建筑面貌提供科学依据。尽管远古中国的建筑序幕是原始人类在求生欲望驱动下拉开的，但这种建筑很早就采用了框架式的土木结构体系，从而指引了后世中国人的建筑方向。正如有些学者所说，现代各种框架结构的建筑和中国古代建筑比之那些茅棚有着天壤之别，但是其结构原理却毫无二致，现代建筑只是由于技术先进和材料优越才使得古人的杰作显得不免逊色。

商周遗韵

假如我们将河南偃师二里头遗址复原，就会惊奇地看到，这

二里头宫殿复原图

是一座虽不复杂但却十分宏伟颇有气势的宫殿建筑。它是商代（公元前 16 世纪—前 11 世纪）早期的遗物，建于面积约 1 万平方米的夯土台基上，估计夯土量在 2 万立方米以上；台基中部是一座面阔 8 间、进深 3 间的大殿，南部是大门，台基四周环以廊庑，构成一组完整的建筑群。这座宫殿在建筑史上的意义，我们知道的至少有这几项：孕育了高台建筑的雏形，具有防御性外围"庑"和举行朝拜等仪式的封闭性广场"庭"；特别是主体殿堂的造型，给人一种崇高庄重的威严感，它成为后世殿堂建筑不移的至尊式样，以致数千年后紫禁城的太和殿还保持着这种式样。商朝井干式墓室建筑也给后世以重大影响。

孔子曾在他的言谈中不厌其烦地称道奴隶社会的夏、商、周三代之盛："殷（即商朝）因于夏礼"、"周因于殷礼"，"周监于二代（指夏、商二代），郁郁乎文哉！"孔子称道的当然是三代礼制，但礼制的精密正是那时社会政治文化之盛的标志。上述商代宫殿建筑的规制和成就在一定程度上反映出了当时的政治文化状况。

夏代（公元前 21 世纪—前 16 世纪）的考古资料还不足，历史文献中记述的当时城郭沟池、宫室台榭的建筑面貌还没有充分的地下发现来验证。

西周（公元前11世纪—前770年）被认为是上古中国的"黄金时代"，因此，它的建筑水平理所当然要比商朝进步。这时的城市建设已形成制度，并且具有严格的等级，城墙高度、道路宽度和重要建筑物都须按宗法等级制度进行营造。据说《考工记》所载即是周朝的都城制度："匠人营国，方九里，旁三门，国中九经九纬，经涂九轨，左祖右社，面朝后市。"这段话的意思是，工匠建造都城，方圆九里，城四周各设三座城门，城中街道纵横各九条，其宽度为车轨九倍，城内祖庙在左，社稷坛在右。朝廷宫禁在前，百姓市肆在后。著名建筑史专家刘敦桢认为，这些制度虽尚待实物印证，但现存的春秋战国的城市遗址如晋侯马、燕下都、赵邯郸王城等，确有以宫室为主体的情况，若干小城遗址还有整齐规则的街道的一部分，因此《考工记》所记载的至少有若干事实作依据，而非完全出于臆造。汉以后有些朝代的都城为了附会古制，往往参照《考工记》的内容进行建设并有所发展。

瓦的发明是西周建筑的重大成就，它使建筑脱离了"茅茨土阶"的简陋状态。陕西岐山凤雏村发掘的一组宫室遗址是周初具有代表性的建筑遗址，也是我国四合院最早的实例，这里的建筑屋顶采用了瓦。当然，这时瓦的使用尚不多见，大概还只是一种豪奢的象征。春秋时期（公元前770—前476年，即东周前期）建筑上的重要发展是瓦的普遍使用和作为诸侯宫室用的高台建筑（或称台榭）的出现，同时，随着诸侯日益追求宫室的辉煌和华丽，建筑装饰与色彩得到了长足的发展。

夏、商、周三代的主要建筑类型是城市和宫殿，它们对后世封建社会的建筑产生了深刻的影响。

古代建筑的第一座高峰

秦汉王朝,尤其是汉朝,是中国封建社会政治、经济、文化乃至建筑方面的第一个高潮时期。

秦汉建筑以城市与宫殿为代表,其宏伟规模和磅礴气势令后人惊叹。考古学家曾在咸阳市东郊发掘出一座高台建筑遗址,据测定为秦咸阳宫殿之一。这座面积达2700平方米的长方形夯土台,高6米,上面的建筑物由殿堂、过厅、居室、浴室、回廊、仓库和地窖等组成,高下错落,形成一组复杂壮观的建筑群。秦始皇在统一六国后便集中全国人力、物力与六国技术成就,在咸阳大规模修筑都城、宫殿、陵墓,历史上人所共知的阿房宫、骊山陵,至今犹有遗迹可寻。

刘邦成功地建立起秦始皇未能建立的一个历时长久的汉王朝,建新都于咸阳东南,并以当地一个吉祥的村庄名称"长安"

秦咸阳宫一号遗址复原图

作为新都城的名称。汉长安城在今西安城西北，其平面略呈正方形，但不规则。"南为南斗形，北为北斗形"，故古书上又称"斗城"；城周 50 华里，面积接近当时罗马城的 3 倍。这里建造了大规模的宫殿、坛庙、陵墓、苑囿和宅第。如未央宫前殿"东西五十五丈，深十五丈，高三丈五尺"，"金铺玉户"、"重轩镂槛"，以致布衣出身的刘邦自己看了也觉得过分华丽，而大臣萧何则进言"天子以四海为家，非壮丽无以重威"，刘邦这才心安理得。汉长安城市建设还有一大特色是在东南与北面郊区设置了七座"卫星城"——陵邑，即长陵、安陵、霸陵、阳陵、茂陵、平陵、杜陵，均为各地强制迁移来的豪族聚居处，成语"五陵少年"、"五陵轻薄儿"即指这些豪门的纨绔子弟。

从出土的汉代文物画像砖、画像石和明器陶屋来看，当时木架建筑渐趋成熟，尤其是作为中国木结构显著特征的斗拱已普遍使用，尽管还远未达到唐宋时代的水平，但它支撑向外挑出的屋檐的结构作用已很明显，由此又推动了中国古建筑特色之一的屋顶形式朝着多样化方向发展。汉代制砖技术和拱券结构有巨大进步，而那些雕刻精美的石建筑，如墓阙、墓祠、墓表和石兽、石碑等，更是这一时期的杰作。

佛教文化与魏晋南北朝建筑

魏晋南北朝时期，南朝首都建康（今南京）的佛寺有 500 多座；北魏统治区域内佛寺更达数万座，仅洛阳一地就有千余座。佛教涌进国门，促进了魏晋南北朝建筑的发展。

佛教传入中国之初，佛寺布局与印度相仿，以塔为主要崇拜对象，置于佛寺中央，而塔后的佛殿反而为辅助设施。南北朝时，许多达官显贵捐出住宅以建寺院，即所谓"舍宅为寺"。他们往往将住宅的前厅改作大殿，后堂变为讲堂，于是外来的佛寺建筑与中国传统的庭院式木结构建筑结合起来，又融入了官宦的私家园林，从而消除了印度寺院那种阴森恐怖的宗教气氛，并逐步发展成为市民的游览场所。

佛塔梵文音译为"窣堵坡"或"佛陀窣堵坡"，讹略为"浮图"，是为藏置佛的舍利（即遗骨）和遗物而建造的。它导源于古印度一种竹顶抹泥的民宅，后来演变成有如覆盆加顶的形象。传入中国后，与东汉已有的多层木结构楼阁相结合，形成了中国楼阁式木塔。塔内不仅可以藏舍利、供奉佛像，还可以登临远眺。原来的窣堵坡缩小了，安置于塔顶之上，称为刹，这就是人们将佛教古塔称为古刹的原因。刹既具有隐喻死者升入天堂乐土的宗教意义，又装饰了塔身形象。"上累金盘，下为重楼"，成为中国佛塔最常见的形式。除了楼阁式木塔以外，魏晋南北朝时期还发展了石塔和砖塔，现存的北魏建造的河南登封嵩岳寺塔是我国最早的佛塔。这种秘檐式砖塔与楼阁式木塔不同，仅作礼拜对象而不供登临远眺。

石窟寺是魏晋南北朝佛教建筑的一个重要类型。它是在山崖上开凿出来的洞窟型佛寺。石窟寺是随着佛教的传入而出现的，不过，中国工匠开凿山崖并进行建筑施工是以汉代的崖墓开始的。不同的是，崖墓是封闭的供死人冥居的墓室，而石窟寺则是为僧侣的宗教生活提供的场所。魏晋南北朝时期，凿崖造寺之风遍及全国，其中开凿最早的是新疆克孜尔石窟，其次为甘肃敦煌莫高窟。此后，甘肃、陕西、山西、河南、河北、山东、辽宁、江苏、四川、云南等地石窟寺相继出现，其中最著名的有山西云

应县木塔

麦积山石窟

冈石窟、天龙山石窟、甘肃莫高窟、麦积山石窟、河南龙门石窟、河北响堂山石窟等。除莫高窟和龙门石窟外，其余各主要石窟多为南北朝时期完成。这些石窟寺的建筑和精美的雕刻、壁画等是中国古代文化的宝贵遗产。

尽管魏晋南北朝时期的建筑不及秦汉时期有那样多生动的创造和革新，但毕竟有所进步。除佛教建筑外，这时的城市、宫殿、住宅、陵墓等建筑类型得到了继续发展。南朝陵墓虽然规模不大，却相当简朴明快，风格豪放。这些陵墓多无墓阙，只建神道。神道两侧置附翼的石兽，石兽之后，左右有墓表及石碑，它们成为中国建筑史上难得的建筑小品。例如现存南京的梁萧景墓表，其形制简洁秀美，雕饰虽多而无繁琐之弊，成为汉以来墓表建筑中最精美的一例。

大 唐 气 象

隋代（公元581—618年）是一个短命的王朝，前后不过三十多年，但在建筑史上，它却起到了上承汉魏、下启盛唐的继往开来的作用。唐长安城前身大兴城和东都洛阳城的规划建设、河北赵州桥的巧妙设计以及南北大运河的开凿等，是当时建筑成就的杰出代表。

唐朝（公元618—960年）为中国封建社会经济文化发展的高潮时期，在建筑技术和艺术领域也取得了辉煌成就。建筑史家潘谷西先生曾总结了唐代建筑的六大成就和特点：

第一，规模宏大，规划严整。唐代在隋朝的基础上营建了首都长安和东都洛阳。这两座都城都建有大批规模巨大的宫殿、官署和寺观，成为当时世界最宏大最繁荣的城市，而长安城的规划是中国古代都城中最严整的。有考古资料表明，唐长安大明宫遗址范围即使不计太液池以北的内苑地带，也相当于明清故宫紫禁城总面积的3倍多，而大明宫中麟德殿面积则是故宫太和殿的3倍，其他府城、衙署等建筑的宏敞宽广，也为任何封建朝代所不及。

第二，建筑群处理愈趋成熟。隋唐时代不仅加强了城市总体规划，宫殿、陵墓等建筑也加强了突出主体建筑的空间组合和强调纵轴方向的陪衬手法。这些正是明清时代宫殿、陵墓等建筑布局的渊源所在。

第三，木建筑解决了大面积、大体量的技术问题，并已定型化。唐初宫殿中木架结构已具有与故宫太和殿约略相同的梁架跨度，而从现存的唐代后期五台山南禅寺正殿和佛光寺大殿来看，当时木架构特别是斗拱部分，构件形式及用料都已规格化。这无疑是中国古代建筑技术的一个飞跃。

第四，设计与施工水平提高，并出现了建筑专业技术人员——"都料"。

第五，砖石建筑有进一步发展。这主要表现为佛塔采用砖石构筑者增多，砖石塔的外形，已开始朝仿木建筑的方向发展，反映出当时对砖石材料的加工渐趋精致。

第六，建筑艺术加工的真实与成熟。唐代建筑艺术风格的特征是：气魄宏伟，严整而开朗，舒展而临空欲飞，却又稳重而不失阳刚之美，刚柔相济，光影强烈，建筑艺术和结构技术达到了完美的统一。唐代建筑物上没有纯粹为了装饰而附加的构件，也没有歪曲建筑材料性能使之屈从于装饰要求的现象。唐代建筑色调简洁明快，屋顶舒展平远，门窗朴实无华，给人以庄重、大方的印象，这是在宋以后建筑上易找寻的特色。所有这些令人追怀不已的建筑艺术风格是在当时特定的社会环境下形成的，与唐代其他艺术门类如音乐、诗歌、绘画、书法、雕塑等在意向和风格上是趋于一致的。

年轻的中国学者王毅曾说过，唐代宫苑是中国封建文化巍峨的纪念碑，其规模之宏大使后来的明清宫室相形之下显得猥琐不堪。他并引另一学者的话说，以宫城规模而论，仅唐长安太极宫宫城面积就有4平方公里，而明清紫禁城面积只相当于前者的1/6而已，比长安的一所离宫兴庆宫还要小一些，更不要提长安还有一座和太极宫不相上下的大明宫了。

建于公元634年的大明宫位于长安城外东北龙首原上，居高临下，可以远眺城内街市。宫城占地面积约为明清紫禁城的4.5

倍，呈不规则长方形。其中宫殿以轴线南端的外朝最为宏丽，有南北纵列的大朝含元殿、日朝宣政殿和常朝紫宸殿。含元殿是大明宫正殿，利用龙首山做殿基，至今残存遗址还高出地面10余米。殿宽11间，前有长达75米的龙尾道，左右两侧稍前处，又建翔鸾、栖凤两阁，以曲尺形廊庑与含元殿相连。这组造型雄伟壮丽的巨大建筑群，表现了唐朝的兴盛与气魄。大明宫另一组华丽宫殿是麟德殿，为皇帝饮宴群臣、观看杂技乐舞和做佛事的地方，由前、中、后3座殿阁组成，面宽11间，进深17间，面积约等于故宫太和殿的3倍。殿两侧有楼阁相辅：形成一座复杂庞大的殿宇。

此外，唐朝皇帝与被后世奉为道教始祖的老子（李耳）同姓，多提倡道教，从而使道观建筑大盛起来。同时，伊斯兰、景、祆、摩尼等宗教都在唐朝传入中国，这些宗教建筑也随之出现。

唐代建筑对后来中国建筑体系的发展起了很大的推动作用，流风所及，达于域外，特别是对东邻日本产生了巨大影响。日本平城京、平安京和唐招提寺等，就是仿照唐朝都城、宫殿、寺院规划建造的。可以说，唐代宫殿是中国古代宫殿建筑的最大奇观，可惜它们都已成为历史的陈迹，我们只能从考古学家和建筑史学家的描述中稍稍领略其风采神韵了。

绚丽多姿的宋元建筑

宋王朝（公元960—1279年）自建立之日起就与异族政权对峙，其版图范围和军事实力一向不为人们所称道，但这个国力衰弱的帝国却十分重视农业和手工业的发展，从而促进了生产和贸易的活跃，也带动了经济、文化和科学技术的进步与繁荣，这些都在建筑方面有明显的反映。宋代建筑的特点，首先是城市结构和布局发生了根本变化。唐以前的城市，多实行夜禁和里坊制度，缺乏活力的城市有如一座兵营，但是唐后期以来日益发展的手工业和商业要求突破这些封建统治桎梏，于是宋朝取消了过去那种毫无浪漫色彩的夜禁、里坊制度，出现了按行业成街的景象，一些邸店、酒楼和娱乐性建筑也沿街大量兴建起来，有些城市的大寺观还附有园林，或有集市，成为当时市民活动场所之一，从《清明上河图》对宋都汴京的描绘中，可以窥探宋都建筑的概况。与唐代相比，宋代大城市的数量要多出很多，东京城、杭州城、平江府城、静江府城等均为繁华一时的宋代城市，它们在建筑史上对城市建设的发展具有重要意义。当然，宋代更多的建筑特色表现在建筑技术和艺术方面。在建筑技术方面，木结构技术在宋代几乎已臻于完善，后人再没有什么可以突破的了；在建筑群组合方面，在总平面上加强了进深方向的空间层次，以便衬托出主体建筑；砖石建筑的水平达到了新的高度；建筑材料更加多样化。在建筑艺术风格方面，宋代的变化十分明显。宋代建筑规模普遍比唐代小巧，局部构件的装饰意味大大加强，无论是组群建筑还是单体建筑，都没有唐代那种宏伟刚健的风格，但比唐朝建筑更为秀丽、绚烂而富于变化，出现了各种形式复杂的殿台楼阁；建筑的装修、装饰与色彩十分发达，灿烂的琉璃瓦、精美的雕刻花纹和华丽的彩画增强了建筑的艺术效果。另外，宋代建筑特色还表现在建筑管理（如《营造法式》的出版）和园林兴盛方面。

与北宋对峙的辽朝（公元907—1125年）是北方契丹族建

立的政权，其建筑较多地保留了唐代建筑的手法，也有其民族特色的建筑。辽朝崇信佛教，所留下的山西应县佛宫寺释迦塔为国内外现存最古老最高大的木结构塔式建筑。

金朝（公元1115—1234年）建筑的现存遗物有些和辽代建筑相似，有些则和宋代建筑接近，可见它同时接受了辽、宋建筑的影响。在建筑装饰和色彩方面，具有和南宋不同的繁密而华丽的作风，其中不少作品流于繁琐堆砌。

继宋、辽、金以后，疆域广大的元帝国的建筑发展不可忽视。元王朝（公元1279—1368年）尽管是强悍的蒙古人建立的政权，但这个政权的统治者提倡宗教、推崇儒学，从而使过去的各种文化因素在某种程度上得以保留、融合甚至发展。在建筑方面，元代兴造了自唐长安以来的又一个规模宏大、规划完整的都城——大都（今北京）；同时又在北方长城以外的广大地区建造了许多军事兼生产性质的城堡。元中叶以后，城市建筑繁荣起来，并产生了一些新的城镇。元代宗教建筑尤其发达，除保存了大量过去的佛道祠祀建筑外，又在西藏到大都之间建造了很多喇嘛教寺院和塔，许多地方还陆续兴建了伊斯兰教礼拜寺。一些融合各民族特点的新型建筑风格逐步形成。在建筑艺术效果上，元代比之宋代，从华丽走向了简洁。元代建筑为后来明清建筑的发展创造了条件。

古代建筑的集成和鼎盛

明清两代是中华帝国的最后两个王朝。这一时期的建筑沿着中国古代建筑的传统道路继续向前发展，获得了相当的成就。

明清北京城是在元大都基础上扩建和改建的，它成为中国都城建筑史上的又一伟大作品。此外，南京以及若干宋元旧城也进行了扩建，还出现了一些新兴的手工业、商业和对外贸易城市及地方城镇。这些城市与城镇的规划也有新的发展。在城镇和乡村中，增加了很多书院、会馆、宗祠、祠庙、戏院、旅店和餐馆等公共性建筑。由于地方建筑的发达，中国建筑的地区特色更为明显地体现出来。

从明代初期起，为防止北方少数民族贵族武装的侵扰，曾不断地动用大批人力物力修筑长城，建造关隘。明长城总长度达六千余公里，其中许多部分至今保存完好，成为中国建筑史上的奇迹。同时为了防止倭寇入侵，明清时代还在沿海地带兴造了许多城堡和海防基地。

由于政治和统治者享乐的需要，明清时代宫苑、陵寝、祠祀、坛庙等建筑发展到极致。对宗法和礼制的大力推行，使各地祠庙和表彰封建道德与功绩的牌坊、碑亭建筑兴盛起来。明清统治者尽管更热衷于追求世俗享乐，但封建专制毕竟需要宗教的点缀和装饰，因此两个王朝都对佛教青睐有加，尤其清朝更不遗余力地扶植喇嘛教，其结果是使修缮寺院盛极一时，并形成了一种前所未有的汉、蒙、藏建筑技术与艺术相互交融的建筑风格。明代南京报恩寺塔（已毁）和清代承德喇嘛庙是富于创造性的佛教建筑代表作，这时还出现了金刚宝座式塔。明清时代少数民族如回、藏、维、傣等族建筑不断发展，显示出高度的创造才能。

明代建筑事业的进步主要表现为：砖已普遍用于民居砌墙；琉璃面砖、琉璃瓦质量提高，应用面更加广泛；木结构技术水平提高，梁柱构架的整体性加强，构件制作工艺简化，形成一种不同于宋代的特色；官式建筑的装修、彩画和装饰日趋定型化；私家园林发达；建筑群体艺术性增强，并致力于突出封建帝王至高无上的思想性。清代建筑事业大体因袭明代传统，但也有所发展：园林建筑达到极盛；喇嘛教兴盛；住宅建筑如百花齐放，丰富多彩；简化单体设计，提高群体与装修水平。

明清建筑是中国古代建筑的集大成者，它类型最全、数量最多、分布最广，现存古建筑中也以明清建筑最为丰富和完整，因此在建筑创作和社会生活中也最富有现实意义。

"墙倒屋不塌"

为什么中国古代建筑能以其独有的风格和魅力在世界建筑文化之林中占有举足轻重的地位呢？究其原因，首先应该归功于它的科学结构，因为任何建筑风格都主要是由其建筑结构决定的。世界上所有的已经发展成熟的古代建筑体系，包括属于东方类型的印度建筑，似乎无一例外是以砖石为主要建筑材料来营建的，为砖石结构系统。唯有中国古典建筑——当然也包括受其影响的近邻日本、朝鲜等地建筑——以木材为基本材料，并创造了木构梁柱式的建筑结构体系。尽管聪明的中国古代工匠们并不鄙视砖石建筑材料，但他们在长期实践过程中，深感梁柱式木结构具有多方面的优越性，于是无可争议地将其光大成为中国古代建筑结构的主流，并由此形成了迥异于砖石结构系统的立面形象和风姿。

梁柱式木结构，由立柱、横梁及顺檩等主要构件组成。各构件之间的结点用榫卯相连，构成富有弹性的框架。这种榫卯结

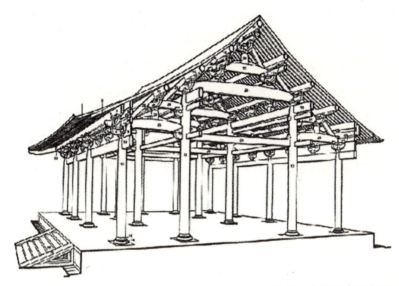

殿堂大木作制度示意图

合的形式在原始社会建筑中就已出现。后来人们又发明了斗拱，它成为中国古建筑结构的一种重要特征。

中国古代木构架有抬梁、穿斗、井干3种不同的结构方式。所谓井干式木构架是用天然圆木或方形、矩形、六角形断面的木料，层层累叠，构成房屋的壁体。这是一种比较原始简单的结构，现在除少数森林地区外已很少使用。穿斗式是用穿枋、柱子相穿通接斗而成，便于施工，最能抗震，但很难建造大型建筑，我国南方民居和较小的殿堂楼阁多采用这种形式。抬梁式（也称叠梁式）是沿着房屋的进深方向在石础上立柱，柱上架梁，梁上又安柱（短柱），柱上又架梁的结构方式，其特点是可以使建筑物的面阔和进深加大，成为大型宫殿、坛庙、寺观、府第等建筑物所采取的主要结构形式，它在中国古代建筑结构中使用最广。

在梁柱式木结构所形成的框架中,屋顶与房檐的重量通过梁架传递到立柱上,墙壁只起隔断的作用,不是承受房屋重量的结构。俗语"墙倒屋不塌"概括地指出了这种木结构体系的特点。这种结构,可以使房屋在不同气候条件下,满足生活和生产所提出的千变万化的功能要求。同时,由于房屋的墙壁不负荷重量,所以门窗的设置具有极大的灵活性。此外它还有一个突出的优点是抗震性能强,即将巨大的震动能量消失在富有弹性的木构结点上。这是多地震的中国得以保存众多古代木构建筑的重要原因之一。

古建筑的重要标记——斗拱

中国古代建筑物的立柱和横梁交接处,从柱顶上加的一层层探出成弓形的承重结构叫拱,拱与拱之间垫的方形木块叫斗,合称斗拱。这是我国建筑特有的一种构件,它造型别致,有的还用青绿色油彩装饰。屋面的大面积荷载经斗拱传递到柱上。斗拱具有结构和装饰的双重作用。人们常以斗拱层数的多少来表示建筑物的重要性,并作为确定建筑物等级的标准之一。由此,斗拱也成为建筑的标准件之一。斗拱的最早形象见于周代铜器,到汉朝,斗拱已大量用于重要建筑中,斗与拱的形式也不止一种。经过两晋南北朝到唐代,斗拱式样渐趋统一,并用拱的高度作为梁枋比例的基本尺度。唐宋木构建筑的室内空间在扩大,柱子高度普遍增加,柱子间的联系,从依靠斗拱逐步为柱子间的梁枋所替代,这样,斗拱在建筑中的结构作用逐渐减弱,而主要成为建筑等级的标志和高级建筑上的装饰品。明清时代的柱梁比唐宋大,

独乐寺观音阁

斗拱较唐宋小且排列较密,斗拱的端头往往雕刻成菊花头等各种花式,并涂上彩画。于是,明清时代的斗拱几乎完全丧失了原来的结构功能而成为一种纯粹的装饰化构件了。即使如此,那些美丽的斗拱仍是中国古代建筑的一个重要标记。

斗拱的代表作之一是位于天津蓟县城西门内的独乐寺。该寺始建年代未见确证,相传建于唐代玄宗时。安禄山在此起兵叛唐,"思独乐而不与民同乐",所以称独乐寺。独乐寺观音阁外观上下2层,中间设一暗层,施腰檐、平座,实为3层。阁中形成3层贯通的空井,以容纳巨型的观音塑像。观音阁是国内最古老的木构高层楼阁,以建筑手法精湛著称。就斗拱而言,该寺采用了不同的斗拱,共24种152朵。千余年来,该寺经受了历次重大地震,至今巍然屹立,成为建筑史上的杰作。

扬州古建筑专家潘德华先生12年笔耕不辍,花费47年心血终于出版了《斗拱》一书(东南大学出版社,2004年10月)。该书对于古代斗拱作了详细的描述,斗拱的历代演变悉收书中,榫卯之堂奥尽呈眼底,共绘图纸300余幅,照片140余张,斗拱分件图 1000 余件，可谓斗拱研究之宏大展览，为后人学习我国古代斗拱技术提供了宝贵的技术资料。

余音袅袅的群体布局

建筑是一种文化现象，反映人类的文化意识是它的一种功能。故宫、孔庙建筑群体威严庄重，江南园林、农家四合小院建筑群体和谐有致，显示出中国建筑组群布局的文化意义。这是一种单个建筑在相互关系中所体现的"集体"美。

以木架结构为主的中国建筑体系，在平面布局方面有一种简明的组织规律，即每一处住宅、宫殿、官衙、寺庙等，都是由若干单座建筑和一些围廊、围墙之类环绕成一个个庭院而形成的组群。这种庭院式的组群布局一般采用均衡对称的方式，其特点是有一条明显的中轴线，在中轴线上安置主要建筑物，而在其两旁则布置陪衬的建筑物。北京故宫和北方四合院是最能体现组群布局原则的典型实例。这种烘云托月的写意手法，也正是封建宗法性的尊卑分明、长幼有序等观念的形象注脚。"庭院深深深几许"，这种独特的艺术魅力在世界其他建筑体系中很难领略到。

个性强烈的屋顶造型

中国古代建筑的屋顶艺术造型最富特色并构成中国建筑最强烈的个性。屋顶造型的具体式样更是多姿多彩，令人目不暇接。

故宫

庑殿顶，又称四阿顶。四面斜坡，有一条正脊和四条斜脊，屋面略有弧度，多用于宫殿。这种屋顶形式在商代甲骨文、周代铜器、汉代画像石与明器、北朝石窟中已有展示。实物则以诸汉阙和唐佛光寺大殿为早。

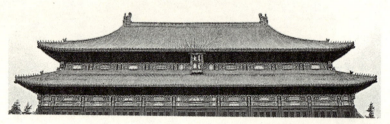

庑殿顶实例

悬山顶，又称挑山顶。屋面双坡，两侧伸出于山墙之外，屋面上有一条正脊和四条垂脊。初见于汉画像石和明器，多用于民间建筑。

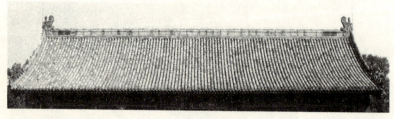

悬山顶实例

硬山顶。与悬山顶略同，但两侧山墙同屋面齐平或略高于屋面。它的出现可能与砖的大量生产有关。明清以来，广泛应用于我国南北民居建筑中。

硬山顶实例

歇山顶。它是硬山、庑殿式的结合,即四面斜坡的屋面上部转折成垂直的三角形墙面;有一条正脊,四条垂脊和四条垂脊下端处折向的戗脊("戗"是斜对墙角的屋架),故又称九脊顶,歇山顶见于汉代明器、北朝石窟壁画中。

歇山顶实例

攒尖顶。屋面较陡,无正脊,数条垂脊(圆形则无)交合于顶部,上再覆以宝顶;平面有方、圆、三角、六角、八角、十二角等。多用于面积较小的建筑屋顶,如塔、亭、阁等。最早见于北魏石窟的石塔雕刻,实物则有北魏嵩岳寺塔、隋神通寺四门塔等。

圆攒尖顶实例

卷棚顶。双坡屋顶形式的一种,即前后坡相接处不用脊面砌成弧形曲面。有卷棚歇山顶、卷棚悬山顶、卷棚硬山顶等形式。

卷棚顶实例

穹隆顶。屋盖为球形或多边形,通称圆顶。另外,用砖砌的无梁殿、清真寺的天房,其室内顶部呈半圆形,也称穹隆顶。

穹隆顶实例

盝顶。其枋子抹角或扒梁，形成四角、八角形屋顶，顶部在平顶四周加上一圈外檐。初见于宋画。

盝顶实例

除此之外，中国古代建筑还有单坡顶、平顶、扇面顶、拱顶等多种形式。

多姿多彩的屋顶形式不仅使中国古代建筑倍添风姿神韵，而且也体现了它们的森严等级。第一等级是重檐庑殿顶。所谓重檐，即房顶上下两重出檐，又称双檐，而一重的叫单檐。重檐庑殿顶用于皇宫、庙宇的主殿，如故宫太和殿、乾清宫等。第二等级是重檐歇山顶，如天安门、故宫保和殿等。第三等级是单檐庑殿顶，如故宫弘义阁、英华殿等。第四等级是单檐歇山顶，如故宫东西六宫（除景阳宫、咸福宫外）。第五等级是悬山顶，如北京太庙（今劳动人民文化宫）内的神厨、神库之中的房舍。第六等级是硬山顶，如故宫保和殿两庑等。第七等级是四角攒尖顶，如故宫中和殿等。第八等级是盝顶，如北京太庙六角井亭、故宫御花园内钦安殿等。第九等级是卷棚顶，如故宫内华轩等。

太和殿

保和殿

中和殿

建筑的等级特征

随着等级观念的产生和深化,中国古代建筑中也注入了等级的差别,如大吻或鸱吻(屋顶脊两头的饰物)、走兽(垂脊上的兽饰物)等规定以及上文所述斗拱、色彩,屋顶式样规定等。这里再谈谈古建筑等级制的几个方面。

殿式、大式、小式。殿式为宫殿的式样,乃帝王后妃起居之处,是最高等级。佛教建筑中的大殿(大雄宝殿)、道教中的三清殿等也属此类。其特点是宏伟华丽,瓦饰、建筑色彩和彩画都有专门含义。大式比殿式级别低,但有别于民间普通建筑,为各级官员和富商缙绅宅第所用。这类建筑不置琉璃瓦,斗拱彩饰也有严格规定。小式为普通百姓的建房规格。

基座的级别。最高级基座由数层带玉石栏的须弥座叠在一起,使建筑物更显高大雄伟,仅限于在皇宫和一些寺庙最高级殿堂中使用,如故宫三大殿、曲阜孔庙大成殿等。较高级基座即通常所称的须弥座(原为佛像底座,又名金刚座)。佛教传入中国后,其建筑样式被中国纳入,以显示使用者的高贵地位与级别。这种基座用砖或石砌,上有凸凹的线脚并镌刻纹饰,有汉白玉石栏杆,常用于较高级宫殿和高级寺观殿堂上。高级基座座壁带有壁柱,基座上亦有汉白玉石栏杆,多用于宫殿主要建筑的两庑等辅助建筑物中。一般基座平整且直,多用于大式与小式建筑中。据《大清会典》规定,公侯以下、三品以上的房屋台基准高二尺,四品以下到士民的房屋台基高一尺。

开间的等级。开间是四根柱子围成的一个空间,为中国古代建筑空间组成的基本单位。开间愈多，等级愈高。九、五为帝王专用，即皇宫大殿九开间、五进深。现存故宫太和殿、太庙大殿，在清时由九间扩为十一间，这更显示了"皇威"。清朝规定，王府正门五间，正殿七间，后殿五间。一般老百姓建筑的正房不超过三间。

踏道的等级。踏道是建筑物出入口处供人进出蹬踏的建筑辅助设施。最常见的阶梯形踏道（也称踏跺、台阶）分为三个等级。高级台阶用长短一致的石条砌成，并在左右两边各垂直铺设石条一块，故称垂带台阶，多用于高级建筑物。较高级台阶要在垂带台阶的两边加上石栏杆。一般台阶又称如意台阶，只是石阶，没有装饰，多用于次要房舍或主要建筑的次要出入口处。至于皇帝的御道，则雕龙刻凤，饰以水浪云气，以示皇上专有，御道两旁则是大臣们进退的台阶。

彩画的等级。彩画是在建筑物梁枋上施以鲜明色彩的图案，以达到富丽堂皇的装饰效果，并相应地表现建筑物主人的等级身份。彩画用于建筑装饰，最迟在战国时已有了。唐宋以后便流行开来。明清时代彩画可分三个等级。最高级为和玺彩画，如故宫三大殿、乾清宫、交泰殿等皆用之。其特点是画面有两个形如书名号的线条，其间由龙凤图案组成，或补以花卉图案，又大面积沥粉贴金，以蓝绿色相间形成对比并衬托金色图案，显得金碧辉煌。次为旋子彩画，应用较广，如一般官衙、庙宇主殿和宫殿、坛庙的次殿都用。其特点与和玺彩画略同，但贴金有严格限制。再次为苏式彩画，多用于住宅园林，如颐和园长廊、故宫东西六宫等。其布局灵活，所绘题材广泛，有历史人物故事、山水风景、花鸟虫鱼等。

古建筑与风水

根据《辞海》释义,"风水"也叫堪舆。《文选·甘泉赋注》许慎曰:"堪,天道也;舆,地道也。"故堪舆的本义是天地。古人认为住宅基地或坟地周围的风向水流等形势,能招致住者或葬者一家的祸福,于是形成了风水之学,这是在我国传统文化及其科学技术的基础上建立起来的分析人类居住选址、规划、营造的一门实用技术,俗称"相地术"。台湾地区学者认为风水是"地球磁场与人类关系学",西方学者称风水术是"通过选择合适的时间与地点,使人与大地和谐相处,取得最大利益、安宁和繁荣的艺术"。

看风水在我国具有悠久的历史。从西安半坡遗址和河南濮阳西水坡45号大墓青龙、白虎贝壳布局来看,中国的风水起码有六千多年的历史了。

史书记载,先秦就有用占卜方式相宅的活动。《尚书·召诏序》云:"成王在丰,欲宅邑,使召公先相宅。"这是相阳宅,即相活人居所。《孝经·丧亲》又云"卜其宅兆而厝也",这是相阴宅,即相死人葬所。从现有的资料看,先秦是风水学说的孕育时期。秦后,各个朝代都有风水先生。例如,魏晋时候的管辂、郭璞,隋朝的舒绰、萧吉,唐及其后各朝,一般的文化人都懂得风水,及至明清则形成泛滥之势。

风水理念一般被认为源自晋代郭璞的《葬经》。《葬经》云:"气乘风则散,界水则止,古人聚之使不散,行之使有止,故谓之风水。"这其实是对于"风之聚散、水之行止"这一自然现象一般规律的认识与把握。后人不断地对其进行完善,并加入了对客观世界的主观感受,天长日久便推演出一套完整的风水理论。在不断的演变过程中,风水学说主要分为峦头派和理气派两种学派。其中,峦头派又分为形势派、形象派、形法派;理气派则包括八宅派、命理派、三合派、翻卦派、飞星派、五行派、玄空大卦派、八卦派、九星飞泊派、奇门派、阳宅三要派、廿四山头派、星宿派、金锁玉关派(走马阴阳)。

不论哪种学派,其基本指导原则都是天地人合一。这种指导原则不求急功近利,不随政治变迁、经济发展变化而变化,在中国五千多年历史演变中,贯穿始终,追求不改。

风水学说中,风、水、气是风水先生考虑的客观对象。尤其是气,风水学有关气的构成中分为生气、死气、阴气、阳气、土气、地气、乘气、聚气、纳气、气脉、气母等,认为不论是生者还是死者,只有得到生气,才能有吉兆,因此,风水的宗旨是理气,即是寻找生气。而有生气的地方应该是:避风向阳、山清水秀、流水潺潺、草木欣欣、莺歌燕舞、鸟语花香之地。另一方面,对于人体来说,天地气场为外气,人体气血场为内气,天地人三个气场相合一致,对人才能有利。故建筑选址既要临水,又要环山,形成"金城环抱"之势,便可达到人与自然的和谐。《阳宅十书》在第一部分"论宅外形"中,就专门讨论了住宅的环境问题:"人之居处宜以大地山河为主,其来脉气势最大,关系人祸福最为切要。"可见,风水其实是通过建筑这个媒介,理顺人与自然环境的关系。

为达到藏风聚气的目的,古人形成了具有中国特色的风水结构：在建筑的四周形成左青龙、右白虎、前朱雀、后玄武，四方环抱、层层展开的结构，并且各个山脉要朝向穴心，即风水建筑；水要环抱，后有靠山屏障，左右砂山环抱，前有朝案围拱，出入循水口穿行。简言之，就是山环水抱、山清水秀，青龙、白虎等四神作为方位神灵，各司其职护卫着城市、乡镇、民宅。凡符合"玄武垂头、朱雀翔舞、青龙蜿蜒、白虎驯俯"者即可称为"四神地"或"四灵地"。

为此，单个建筑一般是方正的长方形建筑，整个建筑风水群是依山而建、中轴线对称的长方形建筑群。这种建筑风格更多地考虑了自然环境对人的影响，具有较高的稳定性。故宫的建筑布局体现子午对称、依山而建的建筑风水特点。

古代风水或多或少地含有一些朴素唯物主义的成分。然而，也产生了一些建筑风水迷信。究其原因，在于古代生产力水平低下，科学不发达，风水文化显得神秘，加之不少江湖风水师为了敛财，有意地选择一些可怕的名字，并用一套非理性的方法解释，更加增强了建筑风水的迷信色彩。当然，也在于对建筑风水一些概念的支离破碎的分解和理解。李约瑟博士对风水术给予了客观公正的评价，他说："风水在很多方面都给中国人带来了好处。比如，它要求植竹种树防风，以及强调住所附近的流水的价值。但另外一些方面，它又发展成为一种粗鄙的迷信体系。"

近年来，随着国际上对风水的重视以及它的适用性，风水这门古老的学科焕发出新的活力。如何取其精华去其糟粕，结合现代自然科学和环境科学理论，协调人与自然环境的关系，做到人与自然的可持续协调发展，实事求是地科学评价和阐释风水学说并在新的历史条件下对其进行创新，是需要认真研究的。

建筑的艺术风采

意大利现代著名建筑师奈尔维认为:"建筑是,而且必须是一个技术与艺术的综合体……"建筑的技术性是不言而喻的。建筑之所以又是一门艺术,是因为它具有艺术的特征,正如美国现代著名建筑师赖特所言:"建筑是用结构来表达思想的科学性的艺术。"中国建筑经过长期探索并吸收其他传统艺术如绘画、雕塑、工艺美术等的养分,创造了自己独特而丰满的艺术形象。

中国古建筑的艺术特征主要表现在如下几个方面:

第一,单座建筑造型上将理性精神与审美情趣、浪漫情调相结合,从而达到建筑的功能、结构和艺术的统一。中国古代建筑的艺术造型,外观分为台基、屋身和屋顶三个部分。台基是建筑物的下部基础,高大的台基不仅可以增强房屋外观的稳定感并使上部建筑华丽壮观,而且也有防潮去湿的作用。屋身是建筑物的主体部分,以柱子、墙壁构成各种形式的室内空间。至于屋顶,其艺术造型最富特色并构成中国建筑最强烈的个性。中国古代建筑艺术家们很早就发现了利用屋顶以取得艺术效果的可能性。《诗经》里就有"如鸟斯革,如翚斯飞"的句子,意思是说周王宫室造型舒展如鸟翼(革),动态如雉(翚)飞。汉唐时期,描绘建筑屋顶的诗赋就更多了,其中最著名的要数《阿房宫赋》中"檐牙高啄……钩心斗角"的名句了。汉代时,后世的五种基本屋顶式样——庑殿顶、攒尖顶、硬山顶、悬山顶和歇山顶就已经具备了,古人充分运用木结构特点,创造了十分柔和好看的反凹曲线屋面和翼角的起翘、出翘。宋代建筑屋顶发展到成熟的阶段，一个屋顶上几乎找不到一条直线，这种飞动轻快、如鸟展翼的造型，配以宽厚的屋身和阔大的台基，使建筑物稳固踏实而毫无头重脚轻之感，富有一种情理协调、舒展轻快的韵律美；再加上色彩艳丽并具有光泽的琉璃瓦以及各种精美的动物装饰和图案花纹，更使屋顶艺术造型给人以美的愉悦。

第二，组群建筑的艺术处理。中国古代建筑特别重视组群布局，如宫殿、坛庙等高级建筑多以各种附属建筑来衬托主体建筑。大型建筑群入口处的华表、牌坊、照壁、石狮等，就是具有典型意义的艺术性附属建筑物。可以说，中国古代建筑更多地致力于群体序列设计和经营而不是单体建筑的造型。中国古代建筑之美主要在于它整体的神韵风采。

第三，色彩的运用。中国古代匠师在建筑装饰中敢于使用色彩也善于使用色彩。宫殿、坛庙、官衙等建筑，多用对比强烈、色调鲜明的色彩。白石台基，红色的墙、柱、门、窗及黄、绿、蓝各色琉璃屋顶以及屋檐下描有金、青、绿等色的彩画，其色彩艺术效果极其动人。在山明水秀、四季常绿的南方，房屋色彩一方面为建筑等级制度所限，另一方面为了使其与自然环境相协调，多用白墙、灰瓦和栗、黑、墨绿等色的梁柱，形成秀丽淡雅的格调。色彩是古代建筑等级和个性的表现手段。屋顶的色彩有严格的等级规定，如黄色琉璃瓦为帝王及其特许的建筑所用；宫殿以下，寺庙、王府按等级用黄绿混合色、绿色、绿灰混合色；民居、私家园林则用红、绿、黑、棕等色。古建筑梁枋、斗拱、椽子等多有彩画，琳琅满目，美不胜收。

除此之外，雕塑、书画、室内装饰、家具陈设等，都是中国古代建筑艺术美的重要组成部分，它们与建筑物本身浑然一体，相得益彰。

巧构奇筑

中国建筑个案赏析

南北长城展雄风

　　长城是世界建筑史上的丰碑，是中华民族的象征。这一横亘在中国北部绵延一万余里的古代军事防御工程，其历史渊源可以追溯到 2600 多年以前。早在春秋时期就有燕、赵、魏等战国诸侯所建的长城。秦始皇统一中国后，派大将蒙恬率 30 万大军，北逐戎狄，并用了 10 年工夫，对昔日诸侯旧长城加以连接和扩建，从而形成雄峙于北国大地上蜿蜒漫长的万里长城。

　　秦以后，从汉朝到明朝，历代都对长城进行过大规模的修筑和增建。明代更是从朱元璋时期起，前后共百余年，耗费巨资，完成了重新修筑万里长城的伟大工程。明长城西起甘肃嘉峪关，经宁夏、陕西、山西、内蒙，东至河北、辽宁交界处的山海关，总长 12700 多里，这就是我们今天能够在北京八达岭等地所看到的令人为之震撼的万里长城。

　　当然，长城的最大特色是其"长"，它是目前世界上唯一的长达万里的建筑物。但它之所以能够被列为世界最伟大的工程之一，又被不少中外人士誉为中古世界七大奇迹之一，并不仅仅因为它长，而且因为它在建筑技术和艺术上也取得了巨大成就。长城由城墙、敌楼、关隘、烽火台四部分组成，它们都是雄伟高大、令人叹为观止的杰出建筑物。

　　长城的主体是城墙。以晋东至山海关一段的城墙为例，其截面为梯形，上狭下宽，平均底宽 6 米，顶宽 5 米，高 6.6 米，内筑夯土，外砌整齐条石或特大城砖。城顶两侧砌有砖墙，内侧为高约 1 米的女墙（矮墙），外侧为 1.6 米高的垛口。每一垛口上面有瞭望孔，下面有射击眼。城墙上每隔半里或一里则有一个凸在城墙外面的高台：一种叫墙台，为巡逻放哨之地；一种称敌台或敌楼。一般高达12米，分上下两层，下层住人，上层有供射击和瞭望的垛口，还有燃火设备。烽火台是古代传递军事情报的建筑物，一般设在长城附近的山顶上，高达15米，外观与敌楼略似。此外，长城沿线还有数百座的雄关险隘，其中山海关、居庸关和嘉峪关已被列为全国第一批重点文物保护单位。

号称"两京锁钥无双地，万里长城第一关"的山海关位于今河北秦皇岛市东北，自古为军事要地。长城自巍巍燕山蜿蜒而下，直扑波涛汹涌的渤海，大有"襟连沧海枕青山"之势。山海关倚山临海，险要异常，关城东西南北分设"镇东"、"迎恩"、"望泽"、"威远"四门，城楼正面高悬"天下第一关"巨匾，气势非凡。居庸关位于北京西北百余里处，这里重峦叠嶂，林木葱茏，景色优美，早在八百多年前的金朝，"居庸叠翠"就被列为燕京八景之一。古人说，居庸之险不在关城而在八达岭。八达岭是居庸关北面的外围关口，它居高临下，地势险峻。岭口为一小小关城，其东西二门分别铸刻"居庸外镇"、"北门锁钥"的题额。明长城最西端的嘉峪关，坐落在祁连山脉西南的嘉峪山麓，长城从祁连山上迤逦而来，直抵关下，又从关北折向东去，伸展在茫茫戈壁滩上。嘉峪关关城呈梯形，周长733米，面积33500平方米，高10米。在东西两门上，均筑城楼，形制相同，面阔五间，高三层17米，单檐歇山顶，形姿甚为威武，传说明洪武初修建此关时，建筑匠师计算用料十分精确，竣工后只剩下城砖一块，放在西城楼之后，成为流传一时的美谈。

1987年，长城根据文化遗产遴选标准Ⅰ、Ⅱ、Ⅲ、Ⅳ、Ⅵ被列入《世界遗产目录》。世界遗产委员会的评价是："约公元

长城（局部）

前 220 年，一统天下的秦始皇，将修建于早些时候的一些断续的防御工事连接成一个完整的防御系统，用以抵抗来自北方的侵略。在明代（公元 1368—1644 年），又继续加以修筑，使长城成为世界上最长的军事设施。它在文化艺术上的价值，足以与其在历史和战略上的重要性相媲美。"2007 年 7 月 8 日，世界"新七大奇迹"评选活动在葡萄牙首都里斯本揭晓，中国长城位列"新七大奇迹"之首。

万里长城位于中国北方边陲。南方有无长城？围绕这一问题，建设部、文物局专家组 2000 年 4 月在考察凤凰申报国家历史文化名城的过程中，发现了一座新的长城，即南方长城。它位于中国湘黔边界，始建于明嘉靖三十三年（公元 1554 年），竣工于明天启三年（公元 1622 年）。这座长城南起与铜仁交界的

南方长城（局部）

亭子关，北到吉首的喜鹊营，全长 382 里，被称为"苗疆万里墙"，同样是中国历史上工程浩大的古建筑之一。

南长城沿城墙每三五里便设有边关、营盘和哨卡，如亭子关、乌巢关、阿拉关、靖边关等。如今，碉堡、炮台和边墙仍然依稀可见。这座宏伟的建筑把湘西苗疆南北隔离开，以北为"化外之民"的"生界"，规定"苗不出境，汉不入峒"，不仅禁止了苗、汉的贸易和文化交往，也是对苗民起义的防范。作为实实在在的文化遗产，它表现了一个朝代的特征，涵容了那个朝代的政治、经济、军事、文化现象，是研究明清两代对边远少数民族征服统治的鲜活史料。

不论是北方长城还是南方长城，都以举世瞩目的雄姿永远激励着中国人民奋发图强，创造出更伟大的奇迹。

清代最早的宫殿建筑群

沈阳故宫现已被辟为沈阳故宫博物院,是全国保存至今的最早的清代宫殿建筑群,其历史价值和艺术价值仅次于北京故宫。作为中国仅存的两大完整的明清皇宫建筑群之一,沈阳故宫在2004年7月1日召开的第28届世界遗产委员会上被批准作为明清皇宫文化遗产扩展项目列入《世界遗产名录》。

沈阳故宫始建于公元1625年,后金第一代汗努尔哈赤期间开始修建,到第二代汗皇太极时期修筑完工。沈阳故宫是清朝入关前的皇宫,又称盛京皇宫。清朝入住中原后改为陪都宫殿和皇帝东巡行宫。

沈阳故宫在建筑上形成了自己的特色。沈阳老城内的大街呈"井"字形,故宫就设在"井"字形大街的中心,占地6万平方米,内有古建筑114座。按照建筑布局和建造时间的先后,沈阳故宫以崇政殿为核心,分中、东、西3个部分:东路为努尔哈赤时期建造的大政殿与十王亭;中路为清太宗时期续建的大内宫阙,包括大清门、崇政殿、凤凰楼以及清宁宫、关雎宫、衍庆宫、永福宫等;西路则是乾隆时期增建的文溯阁等。整座皇宫楼阁林立,殿宇巍峨,雕梁画栋,富丽堂皇。

大政殿只是一座八角重檐亭式建筑,规模宏大,装饰华丽,正门有两根盘龙柱,以示庄严。大政殿两侧是呈八字形排开的10座亭子,格局上与满族的11座帐篷相似,是少数民族帐殿建筑的化身。从可以流动迁移的帐篷到固定的亭子,显示了满族文化发展的一个里程。大政殿主要用来举行大典,如皇帝即位、颁

大政殿

布诏书、宣布军队出征、迎接将士凯旋等；十王亭用来供左右翼王和八旗大臣办理政务和商议朝事，充分体现了少数民族君臣合署于宫殿办事的优良传统。

崇政殿在中路前院正中，俗称"金銮殿"，是沈阳故宫最重要的建筑。整座大殿全是木结构，五间九檩硬山式，辟有隔扇门，前后出廊，围以石雕的栏杆。殿身的廊柱是方形的，望柱下有吐水的螭首，顶盖黄琉璃瓦镶绿剪边；殿柱是圆形的，两柱间用一条雕刻的整龙连接，龙头探出檐外，龙尾直入殿中，实用与装饰完美地结合为一体，增加了殿宇的帝王气魄。此殿是清太宗日常临朝处理要务的地方，公元 1636 年，后金改国号为大清的大典就在此举行。崇政殿北首还有个凤凰楼，三层高，是当时盛京城内最高的建筑物。

文溯阁是沈阳故宫西路的主体建筑，阁前有戏台、嘉荫堂，

崇政殿

后有仰熙斋。建筑形式仿照浙江宁波的天一阁，面阔六间，二楼三层重檐硬山式，前后出廊。上边盖黑色琉璃瓦加绿剪边，前后廊檐柱都装饰有绿色的地仗。所有的门、窗、柱都漆成绿色，外檐彩画也以蓝、绿、白相间的冷色调为主。文溯阁于乾隆四十七年（1782年）兴建，专为存放《四库全书》，另有《古今图书集成》亦存于阁内。乾隆曾说"恰于盛京而名此名，更有合周诗所谓溯涧求本之义"，这体现了乾隆皇帝不忘祖宗创业艰难、为后世子孙示守文之模的深意。文溯阁是七阁中藏书最完整而散失较少的一阁，为妥善保存这套《四库全书》，国家于1966年10月决定将其调至气候干燥、冷热适宜的兰州，由甘肃省图书馆保管。

文溯阁后面，有抄手殿廊连接着仰熙斋，斋后为九间房，其中有芍药圃、梧桐院等。这是乾隆皇帝"东巡"时的读书之所。纵观整个西路格局，院落层次清晰，套院相接而不乱，花草树木点缀其间，的确是读书作画的理想"仙界"。

沈阳故宫之所以著称于国内外，不仅因为它是古代宫殿建筑群的杰出典范，还因为它有着丰富而珍贵的馆藏。现有文物藏品 3 万余件，其中一级文物 100 余件，二级文物 1000 余件。陈列的 2200 余件文物中，多半是旧皇宫遗留下来的宫廷物，如努尔哈赤用过的剑，皇太极用过的腰刀和鹿角椅等。除此之外还有大量的艺术品，在绘画陈列室里，有明、清两代一些大师的作品如明文徵明，清李鱓、金农书画精品，陶瓷、雕刻、漆器等工艺品也不少，都具有极高的历史文化价值，1961 年被列入第一批全国重点文物保护单位。

古都北京展示着华夏意象

公元 1272 年，也就是元朝正式定国号的第二年，忽必烈将首都从蒙古草原迁鼎北京（当时称大都），从此，北京取代长安、洛阳、开封等古都地位，成为中国这个统一的多民族国家的政治中心，直到今天。

北京北枕燕山，东临渤海，西倚太行，南俯华北大平原，地理位置得天独厚，正如古人所说："燕蓟内跨中原，外控朔漠……会通漕运便利，天津又通海运，诚万古帝王之都。"事实上，北京作为国都，是战国七雄之一的燕国所创，距今已有 3000 多年的历史。此后，又有前燕、大燕、辽、金、元、明、清等朝代或政权在此建都（辽为陪都）。历代统治者的苦心经营使北京这座古城具有了无与伦比的文化内涵，并理所当然地成为中华帝国的象征。

作为辽朝陪都的北京，在当时被命名为南京，或称燕京，城址在今北京城西南。据《辽史·地理志》载，南京城周三十六里（实恐不足），高三丈，厚一丈五尺，上设敌楼，规模宏大。城共八门，城内宫殿坊市，井然有序，店铺市集，游人如织。金代在辽南京城基础上仿宋都汴梁（今开封）规制，建成中都。中都城为大城、皇城、宫城三重。大城周长三十七余里，城平面近正方形，每边各开三门。今中国军事博物馆南会城村，即当年北城会城门旧址；又当时南城有丰宜门，门外有郊台，名丰台，这就是今日京郊丰台名称的由来。

规模宏大、布局严谨的北京古都的基础是元大都（后人又称之为娃娃城），因为当时的中都已在金末被蒙古骑兵的铁蹄夷为废墟。元人在金中都东北郊大宁宫附近重建新城，是为元大都。大都分宫城、皇城和大城（外城）三重。大城为长方形，周长 28.6 公里，共开 11 座城门。城门外设瓮城、吊桥，四周为又深又宽的护城河。大城四隅建有巨大角楼。城中西部平则门内建社稷坛，东部齐化门内建太庙，宫殿在前，市场在后，颇合《周礼》"左祖右社，前朝后市"的规制。城里居住区分为五十坊，坊间街道整齐，宽度统一，犹如棋盘。今天北京城市许多街道胡同，仍可反映当日布局的旧迹。元大都是继隋唐长安以后最大的都城，也是十三四世纪世界上规划最整齐、最壮观的城市之一。意大利人马可波罗在他的游记中说，大都城是如此美丽，布置如此巧妙，我们竟不能描写它了。

明代的北京城分为宫城（紫禁城）、皇城，内城和外城四重。整个布局以紫禁城为中心。紫禁城外为皇城，周长 18 公里，呈不规则方形平面，位于全城南北中轴线上，四向开门，正门在南，即著名的天安门（明称承天门）。天安门两侧按"左祖右

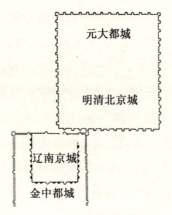

北京都城位置变化图

社"的规制设计,左为太庙(今劳动人民文化宫),右为社稷坛(今中山公园)。天安门之南还有一座皇城的前门称大明门(清改大清门)。大明门内有"T"字形广场,左右两侧设中央各衙署。内城在皇城外围,是就元大都城改建的,周长46公里,南面开三门,东、北、西各开两门。这些城门都有瓮城,建有城楼。内城的东南和西南两个城角并建有角楼。明嘉靖三十二年(公元1553年),又开始于城南增建外城以加强城防,并将手工业和商业区纳入外城内予以保护。明朝原计划修造外城,将整个内城围住,但因财力不足,只修成环抱南郊的外城,计长28公里,共7门。这样,明代北京城平面成为"凸"字形。

清朝北京城的规模与布局没有再改变和扩充,只是营建宫苑并对原城墙、城楼等加以修建,同时多次疏浚护城河。

明清北京城体现了以宫室为主体的城市规划思想,全城由一条长约7.5公里的中轴线贯穿南北。轴线中央和两侧布置了宫殿、坛庙等大型建筑群,气势宏伟,色彩鲜明。那时,北京城城墙高耸,城楼高峻,城门坚固,城堞林立,守御着帝国的心脏——皇城和紫禁城，这是经过了几个朝代改造的结果。

作为优秀的民族建筑遗产，北京都城建设受到普遍好评。欧洲著名建筑学家、城市规划专家丹麦人罗斯穆森说："整个北京城乃是世界的奇观之一，它的（平面布局）匀称而明朗，是一个卓越的纪念物，象征着一个伟大文明的顶峰。"美国的恩·贝康在《城市设计》中对北京的城市规划进行评议："在地球表面上人类最伟大的个体工程，可能就是北京城了。这个中国城市是作为封建帝王的住房而设计的，企图表现出这里乃是宇宙的中心，整个城市深深浸沉在礼仪规范和宗教意识之中，现在这些都和我们无关了。它的（平面）设计是如此之杰出，这就为今天的城市（建设）提供了丰富的思想源泉。"

虎踞龙盘南京城

相传，黄武八年（公元229年）吴大帝孙权闻童谣曰："宁饮建业水，不食武昌鱼；宁就建业死，不就武昌居。"遂迁都建业，建业即今南京。晋避愍帝司马业讳，改名建康。显然，孙权建都南京，决非童谣所致。除政治经济等各方面原因外，南京的重要地理形势也是不可忽视的一点。这里位于秦淮河入江口，面临长江，北枕后湖（即今玄武湖），东依钟山，形势险要，风物秀丽，向有"龙盘虎踞"之称，被誉为"帝王之宅"。自孙吴开始，历东晋、宋、齐、梁、陈，三百余年共六朝建都于此，故南京有"六朝古都"之称；以后，又有南唐、明初、太平天国和辛亥革命后的民国临时政府建都南京，因此又有"十朝古都"之谓。

南京都城变迁示意图

六朝南京城北面靠鸡笼山南麓是宫城所在地，苑囿设在玄武湖南岸。宫城南面两侧，各建小城两座，东为常供宰相居住的东府城，西为诸王府第或扬州刺史衙署所在的西州城。这三城是南朝政权的中心。因地形起伏，整个南京城形成了不规则的布局，这是其城市规划的特色。南朝时期的南京，是一座纸醉金迷、畸形发展的城市，它的豪华奢侈的宫室城邑，在开皇九年（公元589年）陈朝覆灭时被隋军荡为平地。

六朝以后，又有南唐在此大兴土木，营建都城。但对于作为封建王朝的都城的南京来说，六朝与南唐不过是局部性的割据政权，它成为全国首都则是在明朝。朱元璋定都南京后，曾花费20年时间修造了长达30余公里的城垣，十分雄伟壮观。城垣用巨大条石砌基，再以巨砖或条石筑墙，并用糯米（或秫米）拌石灰灌浆作黏合剂，有些地段还掺以桐油，十分坚固。南京城垣充分利用了前代的城基、江防要塞和丘陵、堤垅，"皆据岗垅之脊"，故有"白下有山皆依郭"之说。从军事上考虑，在城门建造过程中，均设有为数不同的瓮城。其中以聚宝门（公元1931年改名中华门）最为典型。三道瓮城由四道拱门贯通，各门均有上下启动的千斤闸和双肩木门。城上原有庑殿式重檐筒瓦顶城楼和一些其他建筑，今仅存台基遗迹。另外此门还建有藏兵洞27个，供守城部队休息和储藏战备物资之用。中华门虽历经劫难，但仍为中国现存最大、最为完整的堡垒瓮城。

据说朱元璋建好南京城后，带着儿子和大臣们登上钟山得意地说："你们看孤王的都建得如何？"群臣无不点头称是，唯14岁的王子朱棣说："紫金山上架大炮，炮炮击中紫金城。"一语道破了城市规划建设中忽视对城外制高点进行控制的缺陷。朱元璋遂下令再筑外郭城。建成后的外郭城共开城门18座，依山带岗，连绵环绕达120华里，将雨花台、钟山、幕府山等山丘都包括在内，形势宏伟。

明皇宫是填燕雀湖而建造的，其规制与后来的北京故宫基本相同（明成祖迁都北京后，其宫殿按南京规划建造），只是规模略小而已。

神圣紫禁城

美国现代建筑师摩尔菲曾这样评价故宫午门建筑："其效果是一种压倒性的壮丽和令人呼吸为之屏息的美。"如果拿这句话来观照整个故宫，我们感到并不牵强，而是十分贴切。

故宫位于北京城中心，是明清两代帝王的皇宫，当年称为紫禁城。它从明永乐四年（公元1406年）始建，至永乐十八年（公元1420年）基本完成，此后虽经明清两代多次重修和扩建，但仍保持初建时的格局。故宫东西广 750 米，南北深 960 米，城墙高 10 米，辟四门：南面正门为午门，北为神武门，东、西分别是东华门和西华门，门上均设重檐门楼。城墙四隅有角楼，三檐七十二脊，造型精巧华美。城墙外环有 52 米宽的护城河。宫内占地 72 万余平方米，屋宇 9000 余间，分为外朝和内廷两大部分。

外朝是皇帝坐朝临政和举行大典的地方，以太和殿（明称奉天殿和皇极殿）、中和殿（明称华盖殿和中极殿）、保和殿（明称谨身殿和建极殿）三大殿为主体，文华殿和武英殿为两翼。在清朝，午门前的端门、天安门直到大清门（在俗称前门的正阳门内），都属于外朝范围。三大殿纵向排列在高大的汉白玉台基上，台基为三重须弥座，皆有栏杆绕通，栏板和望柱均以龙凤图案雕饰。太和殿俗称金銮殿，为明清皇帝举行即位、诞辰、大婚、节日、出征等盛大典礼之处，因此成为故宫规格最高的主建筑，连台基大殿通高 35 米，面积 2377 平方米，面阔 11 间，进深 5 间，重檐庑殿顶，是全国现存最大的木构殿堂。其内外装修都十分豪华，殿内镂空金漆宝座和屏风设在七级高台之上，为封建皇权的象征。室内外梁枋等无不沥粉贴金和玺彩画。宝座上方和附近有金漆蟠龙藻井和沥粉蟠龙金柱，上下左右连成金光灿灿的一片。太和殿前有宽阔的月台，台下为占地 2.5 公顷的广场，可容万人聚集和陈设仪仗。太和殿之后为中和殿，单檐方形，纵广各三间，黄琉璃筒瓦攒尖顶，并有鎏金宝顶，这是皇帝临朝前的预备殿室和休息之所。保和殿居三大殿之末，是一座面阔九间、深五间的重檐歇山顶建筑，为皇帝举行宴会和殿试的场所。三大殿两翼，一为太子读书、皇帝讲学和召见学士的文华殿，清代在此建文渊阁，庋藏《四库全书》；一为召见大臣的武英殿，清康熙后成为朝廷刻印经籍图书的场所。

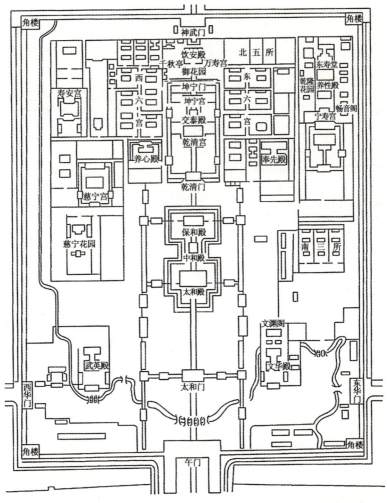

故宫平面图

　　自保和殿后的乾清门以北，即为内廷，是皇帝和后妃居住的地方，也有三殿，即乾清宫（皇帝正寝）、交泰宫和坤宁宫（皇后所居）。乾清宫东西两侧为东六宫、西六宫、乾东五所、乾西五所等嫔妃庭院。其布局附会天象：乾清宫象天，坤宁宫象

故宫

地,东西六宫象十二星辰,乾东西五所象众星,形成群星拱卫的格局,目的是突出皇帝的神圣。

内廷北面是御花园,主要建筑钦安殿采用盝顶屋盖,平顶屋脊环绕,四角吻兽合抱,为古建筑中盝顶建筑绝少的佳例。

作为封建统治的最高权力机关所在地,故宫的设计思想和布局规划最大限度地体现了封建帝王的绝对权威和皇权至上的观念。北京的皇家建筑从永定门开始,经前门、天安门、端门、午门、太和殿、景山、地安门、钟鼓楼形成了一条长约7.5公里的中轴线,贯穿南北。故宫位于这条中轴线中部,其中重要建筑如三大殿,甚至连金銮殿上的宝座,都正好坐落于这条中轴线上。而一些不重要的建筑则对称布置于左右,形成强烈对比。又用连续的、对称的封闭空间,形成逐步展开的建筑序列来衬托出三大殿的庄严、崇高和宏伟。在建筑处理上,则运用以小衬大、以低衬高的对比手法突出主要建筑物。如天安门、午门都用城楼式样,基座高大壮观,三大殿建于汉白玉须弥座上,又有栏杆烘托，显得豪华高贵，而附属建筑物的台基就相应简化，并降低高度。屋顶也按等级次序使用：午门、太和殿用重檐庑殿，天安门、太和门、保和殿用重檐歇山，其余殿宇相应降低级别。建筑细部和装饰也有繁简高下之别，如太和殿斗拱上檐出四跳，下檐出三跳，等级最高。主要殿、门之前还有铜狮、龟鹤、日晷、嘉量等建筑小品和装饰之类的陪衬物。建筑色彩采用强烈的对比色调：白基、红墙、朱楹、金扉以及黄、绿、蓝诸色琉璃屋面，使整个故宫在蓝天白云和全城大片灰瓦屋顶的衬托下，显得格外绚丽璀璨，光彩夺目。

故宫是中国古代宫殿建筑的总结性成果，也是精美奇巧的东方建筑的当然代表。1987年，故宫根据文化遗产遴选标准Ⅲ、Ⅳ被列入《世界遗产名录》。世界遗产委员会的评价是："紫禁城是中国五个多世纪以来的最高权力中心，它以园林景观和容纳了家具及工艺品的9000个房间的庞大建筑群，成为明清时代中国文明无价的历史见证。"

天人相接的伟构

天坛是明清两朝皇帝祭天与祈祷丰年的地方，位于北京外城南永定门内东侧，隔京城中轴线与先农坛东西对峙，又与城北地坛遥相呼应，所谓"天南地北"是也。天坛为永乐十八年（公元1420年）明朝迁都北京时创建，但今天所见的规模，则是明嘉靖年间和清代多次修建而形成的，总面积280公顷，为紫禁城的4倍。

天坛的总体布局附会了"天圆地方"的古制，外周两重墙垣围绕，北面为圆弧形，南面则成直角方形。正门设在西侧而不在南，表明皇帝从西偏门人，是对天神的尊敬。坛内主要建筑呈南北向轴线排列，南部以圜丘为中心，是皇帝冬至祭天的地方；北部以祈年殿为主，乃孟夏祈神求谷之所。两者之间以长约 400 米、宽 30 米、高出地面 4 米的砖砌大甬道——丹陛桥相联系。从正门到丹陛桥，一条大道长达千米，两旁遍植古柏老松，颇有肃穆神秘的气氛。登上丹陛桥，视野骤然开阔，万木低垂，松涛起伏，人行其间，宛若天上。

圜丘为一造型简单但却极尽象数之能事并且十分高大庄严的三层圆形露天石台，拾级而上，仰首而望，不见建筑，只见天穹。圜丘的石块数目和大小尺寸都取 1、3、5、7、9 等"天数"表示，其中又以"9"为天数之极。坛分三层，各层直径分别为 9 丈（名"一九"）、15 丈（名"三五"）、21 丈（名"三七"），三者之和为 45 丈，又是"九五"尊贵、祥瑞之数。每层石级均为 9 级，其他围栏栏板、地面石块也都是 9 的倍数。在这一系列与天数相关的象征语汇启发下，人立坛上，仰望苍天，一种天人相接的强烈感受会油然而生。

圜丘还有一奇妙的声学现象，人站在坛中心轻轻发声，便会听到很响的回声。这是因为声音由周围石栏板反射回来同时到达圆心的结果，它反映了石坛建筑的匀称和尺寸的精确。

天坛中最突出的建筑是祈年殿。这是一座圆形平面的大殿，上覆三层蓝色琉璃瓦顶和镏金宝顶，蓝色琉璃瓦象征"青天"，下设三层圆形白石台基。大殿由外向里分别建有 12 根檐柱、12 根金柱和 4 根龙金柱，分别象征 12 个时辰、12 个月和 4 个季度。金柱和檐柱之和象征 24 个节气，而其总和又象征天上 28 个星宿。这是一种建筑艺术和象征艺术的完美结合，正如刘天华先

天坛祈年殿

生所说：在湛蓝的天空下，三层洁白的圆台托着一座比例端庄、色彩典雅的圆殿，特别是那三层光闪闪的蓝色屋面和镏金宝顶，在造型、比例、色彩、构图等方面予人以一种无法描绘的艺术享受。在完美的形象中，又契合着充实、圆满、无限、和谐、开阔、崇高等审美理想。它完整地体现了人们对"天"的认识，它的象征含义已完全融合到建筑艺术的精髓中去了。

在祈年殿和圜丘之间靠近圜丘的地方，还有一座精美的圆形大殿称皇穹宇，这是圜丘的附属建筑物，专门供奉"昊天上帝"的牌位（每年祭天时则移到圜丘上）。殿外围有圆形矮墙，墙身用磨砖对缝砌筑，平整光滑，形成举世闻名的回音壁，令人惊叹。

1998年11月，天坛入选《世界遗产名录》。世界遗产委员会评价："天坛建于公元15世纪上半叶，坐落在皇家园林当中，四周古松环抱，是保存完好的坛庙建筑群，无论在整体布局还是单一建筑上，都反映出天地之间的关系，而这一关系在中国古代宇宙观中占据着核心位置。同时，这些建筑还体现出帝王将相在这一关系中所起的独特作用。"

曲阜"三孔"

孔子被认为是中国传统文化最伟大的肇创者,他生活在公元前551年至前479年左右,尽管史学家们说他生前过得并不十分得意,但他死后却越来越受到人们的尊敬,以至于两千多年中,他的名字一直家喻户晓。而在中国古代建筑中,祭拜孔子的孔庙也成为一种分布最广、规模最大、体系最完整的特殊类型的宗庙。宋代以后,除了孔子老家曲阜和京师以外,全国各地县以上的城镇,都建有孔庙(也称文庙)。当然,历史最悠久、规模最大的还是曲阜孔庙。曲阜县城就是以孔庙为中心建成的。

孔庙始建于孔子死后的第二年(公元前478年),弟子们将其生前的"故所居堂"立为庙,岁时奉祀。但当时只有庙屋3间,十分不起眼。此后,特别是孔子学说被尊为封建正统思想以后,历代王朝无不留意对孔子的礼遇和对孔庙的扩建。现在的孔庙主要是明清两代完成的。其建筑仿皇宫之制,共分九进院落,贯穿在一条南北中轴线上,左右基本作对称排列。整个建筑群包括五殿、一阁、一坛、两庑、两堂、十七座碑亭,共466间。占地近10公顷,平面呈长方形,南北长达600多米。四周围以高墙,配以门坊、角楼。黄瓦红垣,雕梁画栋,碑碣如林,古木参天。这一具有东方建筑特色的庞大建筑群,以其面积之广大、气魄之宏伟、时间之久远、保存之完整,被称为世界建筑史上"唯一的孤例"。同时,它又与北京故宫、河北承德避暑山庄并称为中国三大古建筑群。

与其他古建筑群一样,孔庙建筑的艺术魅力首先在于其总体

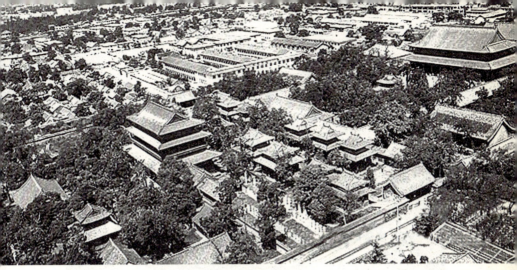

孔庙

布局的成功。整个孔庙可分南北两大部分，南部用几道横墙分隔成几个庭院，为前导部分；奎文阁以北为主体部分。占孔庙总深度一半的四进前导庭院，没有在建筑上做文章。除了圣时门（即孔庙正门）前以三座牌坊加强空间节奏感外，主要是以密植在空旷庭院内的古柏和甬道两旁的碑刻来渲染礼制建筑庄重、肃穆的气氛，这是中国古代建筑艺术中"以虚带实"的大手笔。

高达23米多的奎文阁是孔庙藏书楼，黄瓦歇山顶，三重飞檐，四层斗拱，气宇轩昂。经奎文阁，过十三碑亭院，即到大成门。大成门内的院落是孔庙最为雄丽壮观的空间：中轴线北端耸立的大成殿是孔庙的主殿。"大成"是孟子对孔子的评价，他说的"孔子之谓集大成"，赞颂孔子达到了集古圣先贤之大成的境界。双层石栏台基将大成殿高高托起，增强了它的主体性。基上殿高24.8米，宽45.78米，深24.89米，重檐歇山，黄瓦飞甍，周绕回廊，其规格仅次于皇帝的金銮宝殿，并与故宫太和殿、岱庙天貺殿齐名，被称为东方三大殿。大成殿四周廊下环立28根雕龙石柱，均以整石刻成，为古代雕刻艺术精品。殿前有宽阔的大露台，是历代祭祀孔子时歌舞行礼的场所。两边有长长的庑廊。大成殿内供奉孔子和颜回、曾参、孔伋、孟轲"四配"以及"十二哲"，两庑则是后世供奉先贤先儒的地方。在大成殿前的院子正中，还装点了一座造型奇特华丽的小建筑——杏坛，相

杏坛

传为孔子生前讲学的地方。曲阜孔庙主体庭院空间布局规整稳重,主次分明,成为全国各地孔庙规划设计的样板。

1994年12月,曲阜孔庙、孔林、孔府根据世界文化遗产遴选标准Ⅰ、Ⅳ、Ⅵ入选《世界遗产名录》。世界遗产委员会的评价是:"孔子是公元前6世纪到公元前5世纪中国春秋时期伟大的哲学家、政治家和教育家。孔夫子的庙宇、墓地和府邸位于山东省的曲阜。孔庙是公元前478年为纪念孔夫子而兴建的,千百年来屡毁屡建,到今天已经发展成超过100座殿堂的建筑群。孔林里不仅容纳了孔夫子的坟墓,而且他的后裔中,有超过10万人也葬在这里。当初小小的孔宅如今已经扩建成一个庞大显赫的府邸,整个宅院包括了152座殿堂。曲阜的古建筑群之所以具有独特的艺术和历史特色,应归功于两千多年来中国历代帝王对孔夫子的大力推崇。"

丽江与平遥

丽江古城古朴自然，兼有水乡之容、山城之貌，同时，作为有悠久历史的少数民族城市，丽江城市建筑融汉、白、彝、藏各民族精华，并具纳西族独特风采。1986 年，中国政府将其列为国家历史文化名城，确定了丽江古城在中国名城中的地位。1997 年 12 月，丽江古城根据文化遗产遴选标准 Ⅱ、Ⅳ 被列入《世界遗产名录》。世界遗产委员会的评价是这样的："古城丽江把经济和战略重地与崎岖的地势巧妙地融合在一起，真实、完美地保存和再现了古朴的风貌。古城的建筑历经无数朝代的洗礼，饱经沧桑，它融汇了各个民族的文化特色而声名远扬。丽江还拥有古老的供水系统，这一系统纵横交错、精巧独特，至今仍在有效地发挥着作用。"

丽江古城又名大研镇，位于云南省丽江纳西族自治县，坐落在丽江坝中部，是中国历史文化名城中唯一没有城墙的古城。古城地处云贵高原，海拔 2400 余米，全城面积达 3.8 平方公里，自古就是远近闻名的集市、重镇和仓廪集散之地。现有居民 6200 多户，25000 余人，以纳西族为多。

丽江有别于中国任何一座王城，丽江古城未受"方九里，旁三门，国中九经九纬，经途九轨"的中原建城古制的影响。城中无规矩的道路网，无森严的城墙，古城布局三山为屏、一川相连；水系发达，三河穿城，家家流水；街道布局"经络"设置，形成了"曲、幽、窄、达"的风格；建筑物依山就水、错

丽江古城

落有致，体现了纳西族先民的创造力。丽江古城不仅体现了鲜明的民族风格，而且反映了自然美和人工美的和谐统一。

丽江古城的建筑特色在古街、古桥、衙署以及民居建筑群中得到了充分的体现。

丽江古街依山势而建，顺水流而设，以红色角砾岩（五花石）铺就，雨季不泥泞、旱季不飞灰，石上花纹图案自然雅致、质感细腻，与整个城市环境相得益彰。四方街是丽江古街的代表，位于古城的核心位置，不仅是大研古城的中心，也是滇西北地区的集贸和商业中心。从四方街四角延伸出光义街、七一街、五一街、新华街四大主街，又从四大主街岔出众多街巷，犹如蛛网交错，形成以四方街为中心、沿街逐层外延的缜密而又开放的格局。

古桥是丽江的又一特色。在丽江古城区内的玉河水系上，飞架有354座桥梁，其密度为平均每平方公里93座。桥形式多变，有廊桥（风雨桥）、石拱桥、石板桥、木板桥等。较著名的有锁翠桥、大石桥、万千桥、南门桥、马鞍桥、仁寿桥，均建于明清时期。其中，大石桥为众桥之首，位于四方街东向100米，由明代木氏土司所建，因从桥下河水中可看到玉龙雪山倒影，又名映雪桥。该桥系双孔石拱桥，拱圈用板岩石支砌，桥长10余米，桥宽近4米，桥面用传统的五花石铺砌，坡度平缓，便于两岸往来。

衙署即丽江世袭土司木氏衙署，简称"木府"，始建于元代（公元1271—1368年），1998年春重建，并在府内设立了古城博物院。木府现占地46亩，坐西向东，沿中轴线依地势建有忠义坊、义门、前议事厅、万卷楼、护法殿、光碧楼、玉音楼、三清殿、配殿、阁楼、戏台、过街楼、家院、走廊、宫驿等15幢，

木府

大小房间共 162 间。衙内挂有历代皇帝钦赐的 11 块匾额,上书"忠义"、"诚心报国"、"辑宁边境"等,反映了木氏家族的盛衰历史。

五凤楼原名法云阁,位于福国寺内,始建于明万历二十九年(公元 1601 年),楼高 20 米,为层甍三重担结构,基呈亚字形,楼台三叠,屋担八角,三层共 24 个飞檐,就像五只彩凤展翅来仪,故名五凤楼。楼内天花板上绘有太极图、飞天神王、龙凤呈祥等多种精美图案,融合了汉、藏、纳西等民族的建筑艺术风格,是中国古代建筑中的稀世珍宝和典型范例。1983 年,该楼被公布为云南省重点文物保护单位。

白沙民居建筑群位于古城北 8 公里处,曾是宋元时期丽江地区政治、经济、文化的中心。白沙民居建筑群分布在一条南北走向的主轴上,中心有一个梯形广场,四条巷道从广场通向四方。民居铺面沿街设立,一股清泉由北面引入广场,然后融入民居群落,极具特色。

五凤楼

束河民居建筑群在丽江古城西北 4 公里处，是丽江古城周边的一个小集市。束河依山傍水，民居房舍错落有致。街头有一潭泉水，称为"九鼎龙潭"，又称"龙泉"。青龙河从束河村中央穿过，建于明代的青龙桥横跨其上。青龙桥高 4 米、宽 4.5 米、长 23 米，是丽江境内最大的石拱桥。桥东侧建有长 32 米、宽 27 米的四方广场，形制与丽江古城四方街相似，同样可以引水洗街。

丽江游览过程中，既可以登高览胜，又可以临河就水，观赏古城水情，还可以走街入院，欣赏古朴的院落民居和古城不拘一格的城市布局，领略当地民风民俗，感受古城的独特魅力。

平遥地处晋中盆地、汾河之滨，相传最初它是帝尧的封地，后称为中都。平遥开始筑城是在三千年前的周宣王时代。现存古城为明洪武三年（公元 1370 年）所建。城为方形，墙高 12 米左右，周长 6.4 公里，外表全部砖砌，墙上筑有垛口，墙外有护

平遥古城

城河,深广各 4 米。城周辟门 6 座,东西各二,南北各一。东西门外又筑以瓮城,以利防守。城墙上原有料敌台楼 94 座,城门上亦建城楼,四角建角楼,但现大多已残坏,唯城墙依然如故,成为我国保存最完好的古城墙之一。平遥城内街道和民间建筑也基本保持着明清形制,十分规整。由青色条石铺成的"主"字形街道,分作 4 大街、8 小街、72 条"蛐蜒巷",互相交错,贯通全城。城中心跨街矗立着高达 25 米的三层重檐歇山"市楼",琉璃瓦顶,秀挺玲珑。登楼远眺,古城繁华景象尽收眼底。

1997 年 12 月,平遥根据文化遗产遴选标准Ⅱ、Ⅲ、Ⅳ被列入《世界遗产名录》。世界遗产委员会的评价是:"平遥古城是中国境内保存最为完整的一座古代县城,是中国汉民族城市在明清时期的杰出范例,在中国历史的发展中,为人们展示了一幅非同寻常的文化、社会、经济及宗教发展的完整画卷。"

慎终追远的建筑遗构

中国传统伦理文化提倡"慎终追远"、"厚葬以明孝",因此历代皇帝都不惜花费巨大的人力物力营建陵寝,以示"以身作则",这样可以给老百姓一种道德上的约束,从而使君臣父子的伦理纲常自上而下得以推行,进而维护其世袭的皇位和"子孙万代"的皇朝。正如刘敦桢先生所说,陵墓建筑一般反映了人间建筑的布局和设计。秦、汉、唐和北宋的帝后陵都具有明显的轴线,陵丘居中,绕以围墙,四面辟门;而唐与北宋诸陵在每个陵的轴线上建有享殿、门阙、神道和石象生等。明十三陵采用的长达7公里的公共神道与牌坊、碑亭以及方城明楼和宝顶相结合的处理手法,则是在北宋和南宋陵墓的基础上发展而成的。清朝的帝陵基本上承袭明制,但晚死的后妃在帝陵旁另建陵墓,这与明代帝后合葬制度不同。另外需要指出的是,清代帝陵分为两大陵区,即河北遵化县的东陵和易县的西陵,采取父子分葬的"兆葬之制"(其实并不严格),究其原因,除了帝王们追求"风水"以外,大概也不能排斥政治上可能存在的因素,这一点,尚待研究。

陵墓建筑的突出代表有"中国第一陵"黄帝陵、神农之乡炎帝陵、文明始祖尧帝庙、先祖圣地舜帝陵、秦始皇陵、十三陵等。其中,秦始皇陵和十三陵入选《世界遗产目录》;黄帝陵是全国重点文物保护单位,2006年被列入了第一批国家级非物质文化遗产名录。

秦始皇陵是我国"第一座皇陵"。秦始皇陵于1987年12月根据文化遗产遴选标准Ⅰ、Ⅲ、Ⅳ、Ⅵ被列入《世界遗产目录》。世界遗产委员会的评价是这样的:"毫无疑问,如果不是在1974年被发现,这座考古遗址上的成千件陶俑将依旧沉睡于地下。秦始皇,这个第一个统一中国的皇帝,殁于公元前210年,葬于陵墓的中心,周围环绕着那些著名的陶俑。结构复杂的秦始皇陵是仿照其生前的都城——咸阳的格局而设计建造的。那些略小于人形的陶俑形态各异,连同他们的战马、战车和武器,成为现实主义的完美杰作,同时也保留了极高的历史价值。"

秦始皇陵是中国历史上第一个皇帝嬴政(公元前259—前210年)的陵墓,位于陕西省临潼县城东5公里处的骊山北麓。秦始皇陵建于公元前246—前208年,历时39年,是中国历史上第一个规模庞大、设计完善的帝王陵寝。

秦始皇陵原名"丽山"或"郦山"。据三国时人说:"坟高五十余丈,周回五里余"。经折算,高合120多米,底边周长2167米有余,远观似一座小山。据《史记》记载,秦始皇13岁(公元前246年)即秦王位,即位后不久,就在郦山开始营建陵墓。统一天下后,又从全国征发来70多万人参加修筑。直至秦始皇50岁死葬时(公元前210年)还未竣工。秦二世接着进行了2年工程,前后费时近40年,真可谓工程浩大。

秦始皇陵的特别之处是它筑有内外两重夯土城垣,象征着都城的皇城和宫城。陵冢位于内城南部,呈覆斗形,现高51米,底边周长1700余米。据史料记载,秦陵中还建有各式宫殿,陈列着许多奇异珍宝。秦陵四周分布着大量形制不同、内涵各异的陪葬坑和墓葬,现已探明的有400多个。《史记》对该陵的地宫及陈设也有记述。地宫极其深邃而坚固,它不但砌筑上"纹石",堵绝了地下的泉流,而且还涂有"丹漆",起到了防潮的作用。墓中建有宫殿及百官位次，放满珠玉珍宝，燃烧着用人鱼膏（据说是一种四脚鱼，似人形，生活在东海中）做的蜡烛，永久不灭。防备盗墓暗藏机关，弩机暗箭可以自动发射。灌注水银，如同江河大海围绕，机械转动，川流不息。上面象形日月天体，下面象形山川地理，等等。实际上是一个被搬入地下的人间世界缩影。还据史载，秦二世在埋葬秦始皇的时候，下令始皇宫内的宫女，凡没有子女者，都要殉葬；为了防止"泄密"，凡参加修造墓室的工匠，不待他们出来，就封闭墓门，活埋在陵墓里。

被称为世界奇迹的兵马俑坑是秦始皇陵的陪葬坑，位于秦陵陵园东侧1500米处。目前已发现3座，坐西向东呈品字形排列，并出土仿真人真马大小的陶制兵马俑8000件。陶俑神情生动，形象准确、轩昂；陶马造型逼真，刻画精致自然。兵马俑是秦国强大军队的缩影，布局排列如家军阵，气势凛然。兵马俑陪葬坑均为土木混合结构的地穴式坑道建筑，像是一组模拟军事队列、旨在拱卫地下皇城的"御林军"。从各坑的形制结构及其兵马俑装备情况判断，一号坑象征由步兵和战车组成的主体部队，二号坑为步兵、骑兵和车兵穿插组成的混合部队，三号坑则是统领一号坑和二号坑的军事指挥所。

1980年12月，在秦始皇陵封土西侧出土了两组形体较大的彩绘铜质车马，这是迄今为止中国所发现的年代最早、形体最大、结构最复杂、制作最精美的铜铸马车。它与兵马俑交相辉映，为始皇陵增添了新的光彩，也为研究秦代历史、铜冶铸技术和古代车制提供了实物资料，被誉为中国古代的"青铜之冠"。

秦始皇陵是世界上规模最大、结构最奇特、内涵最丰富的帝王陵墓之一。秦始皇陵兵马俑是可以同埃及金字塔和古希腊雕塑

兵马俑

相媲美的世界人类文化的宝贵财富,而它的发现本身就是20世纪中国最壮观的考古成就。它们充分表现了两千多年前中国人民巧夺天工的艺术才能,是中华民族的骄傲和宝贵财富。

十三陵就是明朝13个皇帝的陵墓。这13个皇帝的陵墓分别是:成祖长陵、仁宗献陵、宣宗景陵、英宗裕陵、宪宗茂陵、孝宗泰陵、武宗康陵、世宗永陵、穆宗昭陵、神宗定陵、光宗庆陵、熹宗德陵、思宗悼陵,它们共同占据着北京西北郊昌平县天寿山麓方圆约40平方公里的地方。天寿山本无其名,永乐五年(公元1407年)明成祖朱棣的皇后徐氏死去,为了寻找皇后的和日后自己的陵墓,朱棣会同臣下以及风水术士遍寻京郊"吉地",后有人说昌平以北黄土山有"吉壤"可作"万年寿域",朱棣亲自勘察,果见此地山谷嵯峨、畦陇纵横,大有"北依山势,南控平原"之概,遂定为陵地,并改黄土山名为"天寿山"。此后明朝历代皇帝均在此经营墓地,形成著名的十三陵。

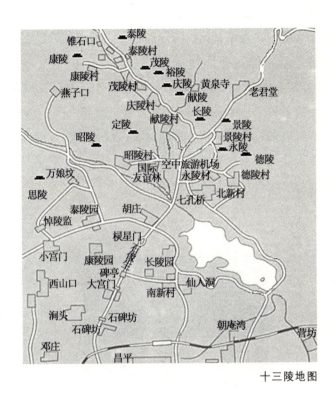

十三陵地图

陵区南端有东西对峙的两座小山,形似双阙,其南建石碑坊,为整个陵区的入口,牌坊中线正对 11 公里外的天寿山主峰。坊为五间六柱十一楼,柱脚表面浮雕云龙,上部前后加饰卧龙各一。全部选用大型汉白玉石料建成,为古石牌坊中的佳作。坊北约 1300 米处为陵区正门大红门。门三洞,丹壁黄瓦,单檐歇山顶。自此往北至龙凤门,在近两公里的神道及其两侧,分别排列碑亭、华表和 18 对文臣、武将、象、马、骆驼等巨大整石雕像。过龙凤门地势渐高,神道延伸约 5 公里,到达长陵。整个神道充满着肃穆庄重的气氛。

长陵是十三陵中最大的一座,也是明陵的典型。长陵由陵门、祾恩门、祾恩殿、方城明楼和宝顶等部分组成,各门、殿、楼之间均有庭院，遍植古柏。宝顶即坟堆，周围砖墙包砌，内藏帝后地宫。其前面正中部分做成方台，上立碑亭，下称"方城"，上称"明楼"。祾恩殿是供祭祀的享殿，为长陵最重要的建筑。其规制和大小均类似故宫太和殿，面阔九间，重檐庑殿顶，下由三层白石台基承托，形态稳重。殿内有数十根高十余米的整根楠木柱。中央四柱直径达 1.17 米，至今香气袭人，完整无朽，似此巨木，实为国内古建筑中所独有。

长陵祾恩殿

十三陵地下墓室用巨石构成若干墓室相连的"地下宫殿"。1956 年考古工作者在发掘定陵时发现，墓室平面以一个主室和两个配室为主，由三室之间的三重前室与最后一室十字形相交的两个隧道所组成。显然，这是地上庭院式布局的反映。主室和配室即正殿和配殿，3 个前室代表三进院落。地宫内很少有皇宫中那种雍容华贵的雕绘装饰，显得朴素无华，而高大宽敞的空间尺度和石材沉重坚实的质感，也构成了地宫特有的气氛。

十三陵于 1957 年成为北京市第一批古建文物保护单位，1961 年被公布为全国重点文物保护单位，1982 年被列为全国 44 个重点风景名胜保护区之一，1991 年被国家旅游局确定为"中国旅游胜地四十佳"之一，1992年被北京旅游世界之最评选委员会评为"世界上保存完整、埋葬皇帝最多的墓葬群"。2000年，联合国教科文组织认定其符合世界文化遗产的标准，并将明显陵、清东陵、清西陵作为明清皇家陵寝列入《世界遗产名录》。2003年7月，联合国教科文组织世界遗产委员会第27届会议将十三陵和南京明孝陵作为明清皇家陵寝的扩展项目正式列入《世界遗产名录》。

道教建筑之最

道教建筑物在汉称"治"。至晋或称"庐"，或称"治"，或称"靖"（又作"静"）。南北朝时，南朝称馆，北朝称观（个别称寺）。唐始不复称馆，皆以观名之。唐宋以后规模较大者称宫或观，部分主祀民俗神之建筑或称庙。道教初创时，山居修道者多栖深山茅舍或洞穴，建筑简陋。至唐宋两代，道教兴盛，各地广设宫观。

道教建筑常由神殿、膳堂、宿舍、园林四部分组成，其总体布局基本上采取中国传统之院落式，即以木构架为主要结构，以"间"为单位构成单座建筑，再以单座建筑组成庭院，进而以庭院为单元组成各种形式的建筑群。道教建筑之总体布局、体量、装饰以及用色等，均体现了承袭自中国古代阴阳五行说的建筑思想，而建筑之藻饰则鲜明地反映了道教追求吉祥如意、长生久视、羽化登仙等思想。

现存主要宫观大多修建于明清两代，如河南鹿邑太清宫、陕西周至楼观、四川青城山古常道观、江西龙虎山上清宫、苏州玄妙观、南京朝天宫、浙江余杭洞霄宫、北京白云观、成都青羊宫、山西永乐宫、陕西重阳宫、武汉长春观等。道教建筑中，以武当山道为最。武当山古建筑群于1994年12月根据世界文化遗产遴选标准Ⅰ、Ⅱ、Ⅳ入选《世界遗产名录》。世界遗产委员会的评价是："武当山古建筑中的宫阙庙宇集中体现了中国元、明、清三代世俗和宗教建筑的建筑学和艺术成就。古建筑群坐落在沟壑纵横、风景如画的湖北省武当山麓，在明代期间逐渐形成规模，其中的道教建筑可以追溯到公元7世纪，这些建筑代表了近千年的中国艺术和建筑的最高水平。"

武当山又名"太和山"，位于湖北省丹江口市的西南部。相传为道教玄武大帝（北方神）修仙得道飞升之圣地，历代道教名流曾在此修炼。据记载，唐太宗贞观年间即在灵应峰创建五龙祠。宋、元以来，又进行了开拓扩建。明成祖于永乐十年（公元1412年）曾动用军夫30多万人在此大兴土木。现存的36处宫观大多是明代所建，是中国现存最完整、规模最大、等级最高的道教古建筑群。宫观内保存的各类神像、法器、经籍等都有较高的文物价值和艺术价值。明代（公元1368—1644年）时，武当山被皇帝敕封为"大岳"、"玄岳"，地位在"五岳"诸山之上。到嘉靖三十一年（公元1552年）"治世玄岳"牌坊建成，从而形成了9宫、9观、72岩庙、36庵堂的大型建筑群，总面积达到160万平方米的规模。

武当山古建筑群的整体布局以天柱峰金殿为中心，以官道和古神道为轴线向四周辐射。金殿始建于明永乐十四年（公元1416年），位于天柱峰顶端，是中国现存最大的铜铸鎏金大殿。天柱峰海拔1612米，周围又有"七十二峰"、"三十六岩"、"二十四涧"等胜景环绕，通过采取皇家建筑法式统一设计布局，

净乐宫复原工程效果图

整个建筑规模宏大，气势雄伟，主题突出，井然有序，构成了一个完美的整体，堪称我国古代建筑的杰作。

武当山古建筑群是根据《真武经》中真武修真的神话来设计布局的，突出了真武信仰的主题。在《真武经》中，真武的出生地为静乐国，因此，在均州城外建有静乐宫；五龙、紫霄、南岩为真武修炼之地；玉虚宫因真武被封为"玉虚师相"而得名；真武曾领元和迁校府事而建元和观；回龙观、回心庵、磨针井、太子坡、龙泉观、上下十八盘、天津桥、九渡涧等无不与真武修真的神话有关。这样，就营造了一种浓厚的宗教气氛，使朝山香客一进入武当山，就沉浸在真武修真的神话氛围中，潜移默化地加深了对真武的信仰和崇敬。

现在武当山古建筑群主要包括太和宫、南岩宫、紫霄宫、遇真宫四座宫殿，玉虚宫、五龙宫两座宫殿遗址，以及各类庵堂祠庙等共200余处。建筑面积达5万平方米，占地总面积达100余万平方米，规模极其庞大。被列入的主要文化遗产包括太和宫、紫霄宫、南岩宫、复真观、"治世玄岳"牌坊等。

武当山金顶

太和殿俗称"金顶",建成于明永乐十四年(公元1614年),时称朝圣殿,清康熙后称太和宫大殿。太和宫位于天柱峰南侧,占地面积8万平方米,现有古建筑20余栋,建筑面积1600多平方米,主要建筑有金殿、古铜殿、紫禁城以及两侧的钟楼和鼓楼。太和宫金殿为砖石结构,歇山顶式,琉璃瓦屋面,墙体下部为石雕须弥座,面阔进深均为1间,通高9.45米,里面供奉着明清神像10余尊。

紫霄宫是武当山古建筑群中规模最为宏大、保存最为完整的一处道教建筑,位于武当山东南的展旗峰下,始建于北宋宣和年间(公元1119—1125年),明嘉靖三十一年(公元1552年)扩建。主体建筑紫霄殿是武当山最具有代表性的木构建筑,殿内有金柱36根,供奉玉皇大帝塑像,其建筑式样和装饰具有明显的明代特色。

南岩宫位于武当山独阳岩下,始建于元代至元二十二年

（公元 1285 年）。现保留有天乙真庆宫石殿、两仪殿、龙虎殿等建筑共 21 栋。

复真观建于明永乐十年。正殿神龛中端坐的是全山最大的木雕玄武像。这尊雕琢讲究、涂彩饰金的木雕像距今已有五百多年历史，被定为一级国宝。观里最让人称奇的是五云楼。该楼为整体木结构，没用一砖一石，高达 15.8 米，共 5 层，每层的装修都独具匠心。其入胜之处是最顶层的一柱十二梁，在一根主体立柱上，有十二根梁枋穿凿在上，交叉叠搁。这一纯建筑学上的构架，历来受到人们的高度赞誉，成为复真观里的一大人文景观。

"治世玄岳"牌坊又名"玄岳门"，位于武当山镇东 4 公里处，是进入武当山的第一道门户。牌坊始建于明嘉靖三十一年，坊身全部以榫铆拼合，造型肃穆大方，装饰华丽，雕刻有多种人物、花卉的图案，堪称明代石雕艺术的佳作。

此外，武当山各宫观中还保存有各类造像 1486 尊，碑刻、摩岩题刻 409 通，法器、供器 682 件，还有大量图书经籍等。武当山的道教音乐也是中华音乐的活化石，是十分珍贵的文化遗存。

武当山古建筑群还体现了道教"崇尚自然"的思想，保持了武当山的自然原始风貌。工匠们按照明成祖朱棣"相其广狭"、"定其规制"、"其山本身分毫不要修动"的原则来设计布局。营建武当山不是就地取材，其材料是从陕西、四川等地采购运来的，这样就很好地保护了武当山的植被。在营建时，充分利用峰峦的高大雄伟和岩涧的奇峭幽邃，使每个建筑单元都建造在峰、峦、岩、涧的合适位置上，其间距的疏密、规模的大小都布置得恰到好处，使建筑与周围环境有机地融为一体，达到时隐时现、若明若暗、玄妙超然、混为一体的艺术效果，形成了"五里一底十里宫,丹墙翠瓦望玲珑"的巨大景观。在建筑艺术、建筑美学上达到了极为完美的境界,有着丰富的古代文化和科技内涵,是研究明初政治和中国宗教历史以及古建筑的实物见证。

佛教建筑奇葩

中国佛教寺院遍及海内。位于河南洛阳城东大约10公里处的白马寺是佛教传入我国后兴建的第一座寺院,有佛教"祖庭"之称。相传东汉明帝曾夜梦金人绕殿飞行,于是派使者前往西域求访佛法,邀请到天竺高僧摄摩腾和竺法兰。永平十年(公元67年),他们用白马驮着佛像佛经来到汉都洛阳,这就有了这座千古名刹。现存的白马寺是明清时代重建后的规模,主轴线上共有4座大殿,即天王殿、大佛殿、大雄殿和接引殿。后院清凉台上的毗卢阁为寺中最高建筑,重檐歇山顶,颇为壮观。这种庭院

白马寺

格局当然早已不是初创的"悉依天竺旧式"的形制,但寺址历千余年未变,因而汉时台、井如清凉台、焚经台、甘露井等尚依稀可寻。

中国汉族地区的佛寺在近两千年的发展过程中,基本上采用传统建筑的庭院式布局,一般从山门(寺院正门)起在一条南北中轴线上,依次有主要建筑山门、天王殿、大雄宝殿、藏经楼或法堂,大的寺院(如上述白马寺)还有毗卢阁等殿堂建筑物。天王殿前左右多有钟鼓二楼对峙,大殿前左右有伽蓝堂和祖师堂相对,法堂前东西相向的是斋堂和禅堂。寺院住持所住方丈室多在法堂左右。其他库房、厨房客房、浴室等分布四周。天王殿中央供弥勒菩萨,其身后供韦驮菩萨,面北向,东西两旁供四大天王。大雄宝殿是寺院的正殿,为供奉"大雄"即佛祖释迦牟尼的地方。

被日本佛教天台宗尊为"祖庭"的浙江天台山国清寺,是我国保存最完整、最典型的佛寺。此寺乃隋代古刹,但今存者为清雍正十二年(公元1734年)所建,其后屡有增修。寺的布局以南北中轴线为主,山门内依次有弥勒殿、雨花殿、大雄宝殿。雨花殿前两侧有钟鼓楼。中轴线西边自南向北建有安养堂、观音殿、罗汉堂、妙法堂,妙法堂楼上为藏经阁;东边建筑布局较为

国清寺

南禅寺大殿

自由,主要有斋堂、方丈楼、迎塔楼等。国清寺曾与山东长清灵岩寺、江苏南京栖霞寺、湖北当阳玉泉寺合称"天下丛林四绝"。

　　山西省五台山为中国著名佛教圣地,它与浙江普陀、四川峨眉、安徽九华并称佛教四大名山。五台山佛教建筑极多,其中唐建南禅寺和佛光寺尤其著名,被誉为中国古建筑的瑰宝。南禅寺大殿建于唐建中三年(公元782年),是国内现存最早的木构殿宇。大殿近于方形,宽11.75米,深10米,开间、进深均三间,殿内无柱,上覆单檐歇山屋顶。屋顶举折平缓,出檐深远,比例优美匀称,是典型的唐代木构建筑风格。内部用两道通进深的梁架,无内柱,室内无天花吊顶,属于木构架中的厅堂型构架。佛光寺创建于北魏孝文帝时期,后被毁。现存大殿为唐大中十一年(公元857年)所建,面阔七间,进深四间,单檐庑殿顶,斗拱雄大(其全部高度合檐柱一半),出檐深远,造型简洁雄浑。殿内还保存了一组唐代塑像和唐宋壁画,连同建筑本身及墨迹题

隆兴寺

字,堪称"一殿四绝"。

有一首华北民谣说:"沧州狮子应州塔,正定有个大菩萨。"所谓"大菩萨"即保存在隆兴寺主殿佛香阁内高达18米的国内最大的观音菩萨铜像。隆兴寺位于河北正定城内,是现存较为完整的一组宋代佛寺建筑群,上述"大菩萨"即为宋太祖开宝四年(公元971年)铸造。其中最古老、最奇特也最有价值的建筑是位于寺内中轴线南部的摩尼殿。此殿为宋仁宗皇祐四年(公元1052年)的建筑,面阔七间33米,进深七间28米,重檐九脊顶(即歇山顶),另在四面各出抱厦一间,九脊山花(即山墙一面)向前,整个屋顶敷十条屋脊,纵横错落,极富变化。类似这种形式的建筑造型常见于宋代绘画中的殿宇及园林建筑,但现存实物却仅此一例,这就更显摩尼殿的可贵了。

比隆兴寺略早,与北宋王朝对峙的辽朝也兴造了一座供奉观音菩萨的大殿,它便是位于天津蓟县独乐寺的观音阁。独乐寺创

独乐寺观音阁

建于唐代，辽统和二年（公元984年）重建。观音阁是寺内的主要佛殿，为国内留存的最古老的多层木构楼阁，阁高22.5米，面阔五间，进深四间，外形两层，内部却加一暗层而成为三层，供奉着一尊高达16米的泥塑观音立像。虽是楼阁，但整个立面仍是横向构图，从而在视觉上增加了它的雄壮感。观音阁在建筑史上最突出的价值在于它结构上的整体强度，这座高耸的佛殿在建成后经历了数十次地震，特别是1976年的唐山大地震，近在咫尺，它竟巍然不动。已故建筑专家梁思成先生在为观音阁做过多种力学试验后，感叹地说，此阁"宛如曾经精密计算而造者"。

山寺之中，最为奇妙和令人叫绝的，当是北岳恒山十八景之一的悬空寺了。悬空寺位于山西浑源城南恒山金龙峡中，三十多处殿、堂、楼、阁错落有致地"镶嵌"在峡谷西侧斧劈刀削的万仞绝壁上，上载危岩，下临深渊，一派惊险神奇、动人心魄的景象。悬空寺始建于北魏末期（约公元 6 世纪），以后历代有所修建。虽为佛寺，却体现了传统中国儒、释、道三教合流的思想，寺内三官殿为道教处所，三圣殿是佛教殿堂，而三教殿则供奉着释迦牟尼、老子、孔子三位古代大哲。悬空寺整个寺院建筑，全在峭壁上凿穴插梁为基，参差错落，迂回曲折。布局别开生面，其结构也具有极好的稳定性，历尽沧桑而雄姿不减。悬空寺的"巧"体现为建寺时因地制宜，充分利用峭壁的自然状态布置和建造寺庙各部分建筑，将一般寺庙平面建筑的布局、形制等建造在立体的空间中，山门、钟鼓楼、大殿、配殿等一一俱全，设计非常精巧。寺内有佛像 80 多尊。唐开元二十三年（公元 735 年），李白游览悬空寺后，在石崖上书写了"壮观"二字，明代大旅行家徐霞客称悬空寺为"天下巨观"。

与悬空寺可称双璧的是河北井陉苍岩山福庆寺。苍岩山为太行山支脉，风景优美，草木繁茂，加上山间众多的古建筑，两者交相辉映，浑然一体，构成了"苍山十六景"。山上处处有景，景景观奇，景景有典，自古享有"五岳奇秀揽一山，太行群峰唯苍岩"的盛誉。山上福庆寺不知建于何代，相传隋炀帝长女南阳公主曾在此削发为尼，寺名兴善。宋初改为福庆寺。现存佛寺建筑乃明清遗构，建于两山对峙的一条深沟中，所有殿堂楼阁，或跨断崖，或依绝壁，或临深渊，或沿山道曲而萦回。更为奇特的是该寺主体建筑天王殿和桥楼殿均建在石桥之上，石桥飞跨两崖之间，势若长虹，凌云欲飞。其中桥楼殿面阔五间，进深三间，四周出廊，廊上出檐，楼层屋面为单檐歇山顶，台基与石桥混为一体，坐西朝东，横悬于数十米高的两山绝壁之间，颇有"千丈虹桥望入微，天光云影共楼飞"的奇景，令人心旷神怡。

悬空寺

  青海境内也有一处"悬空寺",那就是北禅寺。北禅寺是青海境内最早的宗教建筑,初建于北魏明帝时期,距今已有一千八百多年。整个建筑背倚北山,故俗称"北山寺"。它依山腰中的红砂岩天然断层由西向东依次而建,上载危岩,下临深谷,在陡峭的山坡上布满人工开凿的洞窟,寺内有栈道、小桥、游廊连接,故也有"九窟十八洞"之称。由于洞壁上所绘的神像图案、花卉山水具有汉、藏佛教绘画艺术风格,又曾被誉为"西平莫高窟"。北山寺为道教寺观,有魁星楼、灵宫殿等建筑,位于顶峰的宁寿塔是清代所建的五层密檐砖塔。每当烟雨蒙蒙,山隐雾中,苍苍茫茫,远望云雾中的殿宇,洞群塔寺时隐时现,"北山烟雨"由此得名,并成为"西宁八景"之一。

  此外,还有许多佛寺建筑都极具特色,如山西大同华严寺大雄宝殿、江苏南京灵谷寺无梁殿均为我国规模之最,以及云南安宁曹溪寺的"天涵宝月"奇观等,限于篇幅,本书没有涉及。当然,佛寺建筑中,还有一座雄伟的建筑是不得不提及的,那就是布达拉宫。

福庆寺

北禅寺殿宇

西藏佛教大约是在唐朝初年由内地和印度同时传入的，并形成一种极富地方特色的佛教形式——喇嘛教。在佛教传入的同时，汉族的建筑技术和艺术以及印度、尼泊尔的建筑风格纷纷传入西藏，因此，形成了喇嘛教建筑特有的风韵情调。可以说，在雪域高原上，凡是建造精良、艺术价值高的古建筑无一不是喇嘛教寺院，如7世纪在拉萨修建的大昭寺、小昭寺，8世纪在雅鲁藏布江边修建的桑鸢寺，15世纪在西藏日喀则修建的扎什伦布寺以及18世纪在青海湟中修建的塔尔寺等，都是喇嘛教建筑中的精品，而其中最宏伟、最令人难忘的则是拉萨布达拉宫建筑群。

布达拉为梵语译音，意为"佛教圣地"。相传公元7世纪时，吐蕃国王松赞干布为迎娶唐朝文成公主，特建此宫殿，可惜后来毁于兵燹。现在的布达拉宫是17世纪中叶达赖五世执政时开始建造的，整个工程历时50余年。布达拉宫占地10万多平方米，依山而建，总高110余米，东西宽360余米，南北深140余米，外观13层，实际使用空间9层。主体建筑是由华丽的大小经堂、佛堂、灵塔殿、办公室、住房和喇嘛寺院等组合而成的，主要分两大部分：红宫，为大经堂和存放历代达赖喇嘛尸塔的大殿；白宫，是喇嘛办公、会客、诵经、进餐和生活起居的用房。西藏实行"政教合一"的政治制度，所以布达拉宫既是佛教寺院、活佛达赖喇嘛的宫殿，又是地方行政机关。主体建筑前，有一片约6公顷的平地，设印经院、管理机构、守卫室及监狱。厚厚的块石城墙围至山脚，使宫殿成为封闭式的院落。布达拉宫可容僧众2万余人，是西藏现存最大、最完整的古代高层建筑，也是世界上最大的藏式喇嘛教寺院建筑群。

布达拉宫

布达拉宫的每一部分，若从竖向看，体量尺度宏大，沿地势呈现出非对称布局，高低错落有致，前后层次分明。白宫主体建筑高5层，最上层是达赖卧室，终日阳光普照，称为"日光殿"。白宫中央红色部分即为红宫，是整个建筑群的主体，其顶部有3座汉式殿宇和5座金塔。殿顶为重檐歇山，黄金饰面，屋顶上安有经幡、法轮、宝珠等饰物，金光灿灿，将整个建筑群点缀得极为富丽、庄严和雄伟，远远超出了一般世俗殿宇所具有的表现力，达到了佛国神宫的境界。

在布达拉宫内部，装饰和色彩的运用也都恰到好处，木雕泥塑、丹朱彩绘，无不体现着浓郁而迷人的藏族文化特色。在每一座殿堂四壁和走廊里，都绘制着一幅幅具有民族风格的壁画，这也成为布达拉宫的一大特点。

位于拉萨市西北2.5公里的布达拉山上的布达拉宫，与山峰有机结合，融为一体，取得了山即宫城、宫城即山的完美设计效果，无怪乎许多观光者由衷赞叹：布达拉宫好像是从山上长出来的。

根据世界文化遗产遴选标准Ⅰ、Ⅳ、Ⅵ，布达拉宫于1994年12月入选《世界遗产名录》，后来又加入了拉萨的大昭寺。世界遗产委员会的评价是："布达拉宫和大昭寺，坐落在拉萨河谷中心海拔3700米的红色山峰之上，是集行政、宗教、政治事务于一体的综合性建筑。它由白宫和红宫及其附属建筑组成。布达拉宫自公元7世纪起就成为达赖喇嘛的冬宫，象征着西藏佛教和历代行政统治的中心。优美而又独具匠心的建筑、华美绚丽的装饰、与天然美景间的和谐融洽，使布达拉宫在历史和宗教特色之外平添几分风采。大昭寺是一组极具特色的佛教建筑群。建造于公元 18 世纪罗布林卡，是达赖喇嘛的夏宫，也是西藏艺术的杰作。"

古 塔 风 采

塔是佛教建筑的一种类型，起源于印度，当佛教传入中国的时候，塔也就传入了。塔在中国建筑史上的发展，除了有神圣的宗教意义以外，越来越多地表现出世俗的趣味。比如中国古塔具有许多印度佛塔所没有的功能和用途：装点江山、登高远眺、指示津梁、标明大道、美化园林……明清以后，许多中国塔甚至连佛的名义也不借用了，如文星塔、文峰塔、文昌塔等。因此，有学者恰当地指出：中国的古塔既内含了宗教崇拜的佛性意味，又洋溢着世俗人情的诗意光辉，可以说是佛性和人情的融合。

中国古塔千姿百态，从平面上看，有方形塔、六角形塔、十二角形塔等；从层次上看，有单层塔、多层塔等；从塔的组合来看，有单塔、双塔、三塔以至数十上百座的塔林；从建筑材料来看，有木塔、砖石塔、砖木混造塔、琉璃塔、铁塔等。依据各种塔的结构形式与艺术造型，我们可以大体将其分为楼阁式塔、密檐式塔、亭阁式塔、喇嘛塔、金刚宝座式塔、花塔、过街塔及其他形式的塔。

塔随佛教传入中国，早期的塔大多为木塔。如中国第一座塔洛阳白马寺塔就是木塔，可是这座 9 层的宏大建筑建成几十年后即被焚毁。有"中国古代摩天楼"之称的洛阳永宁寺塔，高达 49 丈，登上塔顶犹如置身云霄，大有飘飘欲仙之感。遗憾的是，此塔仅存 15 年，便被雷击中，毁于火灾。

山西应县佛宫寺释迦塔，俗称"应县木塔"，建于辽清宁二年（公元1056年），距今950年之久，是世界现存的最高、最古老的纯木结构佛塔。塔建在4米高的两层石砌台基上，总高67.31米，底层直径为30.27米，八角形平面，外观5层，夹有暗层4级，实为9层。内外两槽立柱，形成双层套筒式结构，立柱和横梁纵横交错，斗拱与大梁吻联拉结，暗层中用大梁斜撑，使整个塔身具有坚固的整体性与和谐的形体美。塔的细部处理充满艺术情趣：举架平缓的层层挑檐与14米高、制作精致的塔顶铁刹组合在一起，造型挺拔秀丽，各层檐下数十种斗拱如云朵簇拥，使木塔显得更加飘逸生动。

应县木塔为硕果仅存的全木结构古塔，但木檐砖身混合结构的楼阁式古塔却留存甚多，如上海松江兴圣教寺塔（俗称松江方塔）、江苏常熟崇教兴福寺塔、苏州北寺塔、上海龙华塔、杭州六和塔等都是其中的代表作品。

木塔和木檐砖身塔难御风雨侵袭，更容易引起火灾，因此砖石仿木结构的楼阁式塔在隋唐以后兴盛起来。这类塔最著名的代表是西安大雁塔。大雁塔位于西安市南慈恩寺内，本名慈恩寺塔。据传，摩揭陀国有一僧寺，一日有群鸿雁飞过，忽一雁离群落羽，摔死地上，僧人惊异，认为雁即菩萨，众议埋雁建塔纪念，故名。塔初建于唐高宗永徽三年（公元652年），后屡毁屡建。塔现高约64米，整体呈方形角锥状，造型简洁，比例适度，庄严古朴。塔身有砖仿木构的枋、斗拱、栏额，内有盘梯直至顶层。唐诗人岑参有诗赞其雄浑气势："塔势如涌出，孤高耸天宫。登临出世界，磴道盘虚空。突兀压神州，峥嵘如鬼工。四角碍白日，七层摩苍穹。……"大雁塔不仅是唐朝长安市民的游览胜地，而且是登科士子庆功留名的去处，"雁塔题名"成为盛

西安大雁塔

开元寺料敌塔

唐气象颇具代表性的千古佳话。

著名的砖石仿木楼阁式塔还有河北定州开元寺料敌塔,塔高84.20米,是我国最高的一座古砖塔;开封繁塔,形体粗矮,别具风格;开封佑国寺铁塔,外贴铁褐色琉璃面砖,华丽精美,为

登封嵩岳寺塔

国内最具艺术魅力的砖砌楼阁式琉璃塔之一；苏州虎丘塔，被誉为中国的比萨斜塔。此外，西安兴教寺玄奘塔、香积寺塔，泉州开元寺双塔，银川海宝塔、承天寺塔，呼和浩特万部华严经塔等，都十分著名。

中国密檐式塔的鼻祖当推河南登封嵩岳寺塔。塔建于北魏正光元年（公元520年），平面呈接近圆形的正十二角形，为国内孤例，这是天竺佛教建筑的影响，而此塔细部装饰也颇具印度风情。塔身自2层起，各层面阔依次递减，密檐层层外挑，檐层逐渐向上减小与密集。塔内全空，为砖壁空心筒体结构。整个塔体造型轻快秀丽，给人以高耸而稳固的审美感受。

密檐式塔的又一杰出代表是与大雁塔齐名的西安小雁塔，建于唐中宗景龙元年（公元707年），塔四方，高约45米，造型玲珑秀气，与大雁塔的雄伟壮姿恰成辉映。据史载，明朝时一次强烈地震将小雁塔震裂，但后来一次地震又将裂缝震合了。此可谓古今一大奇观。

我国著名的密檐式塔，除上述外，还有河南嵩山法王寺塔、云南大理千寻塔（即大理三塔的主塔）、北京天宁寺塔、辽宁北镇崇兴寺双塔、辽阳白塔等。

亭阁式塔在某种意义上可以说是楼阁式塔的一种简略，因为许多人崇佛而又无力修造高大豪华的楼阁式塔，于是只好与小型的亭子之类建筑相结合而修小型塔，这就形成亭阁式塔。其特点是塔身为一单层的方形、六角形、八角形或圆形的亭子，下建台基，顶冠塔刹，有的在顶部另加小阁，上置塔刹。亭阁式塔后来被许多高僧、和尚采用作为墓塔。现存最早的实物是山东历城神通寺四门塔，为隋大业七年（公元611年）所建。此塔塔身为大块青石砌成，单层方形，高约15米，每边宽7.4米，四角攒尖顶，顶端塔刹形制简朴浑厚。其他单层亭阁式塔如山东长清灵岩寺慧崇塔、河南登封会善寺净藏禅师塔、山西五台山佛光寺方便和尚塔、北京房山云居寺塔等均负盛名。

喇嘛教在唐代传入中国，元朝大盛，这个教派建的塔基本保留了印度"窣诸坡"的形姿，颇具异国情调，称为喇嘛塔。元明清时期，这种塔随着喇嘛教在我国的发展而逐渐增多。现存全国最大的喇嘛塔是北京妙应寺白塔，因为有此塔，所以一般北京人称寺为白塔寺，可见塔的盛名。此塔建于元世祖至元八年（公元1271年），为佛教发祥地尼泊尔的著名匠师阿尼奇主持设计和建造。按传统形制，塔由塔基、塔身、相轮三部分组成，高50.9米。塔基为3层方形折角须弥座，上有硕大莲瓣承托塔身。

历城神通寺四门塔

塔身是一个完整的圆形覆钵,亦称"宝瓶",再上为相轮"十三天",即层层向上收刹的 13 层棱角线,相轮上有直径近 10 米的圆形金属盘——华盖,周围是钢制镂透的流苏和铃铎,顶上又立有 5 米高的塔形宝顶。整座白塔造型雄浑别致,白色的塔体与上顶金色宝盖相辉映,给人以崇高壮丽的美感。此外,北京北海琼岛白塔、山西五台山塔院寺塔和扬州瘦西湖莲性寺小白塔,均为喇嘛塔中的佼佼者。而在喇嘛教最为兴盛的西藏,喇嘛塔更是千姿百态,其中最雄大、最奇巧的是位于江孜的贝根曲登塔,又名八角亭塔,它被称为群塔之王,是江孜古城的重要标志。

金刚宝座塔是又一种具有浓厚异域风味的佛塔形式,通常是在一个高台宝座上建五座小塔,供奉金刚界五佛,其形制仿自印度释迦牟尼成佛处的佛陀伽耶塔。现存金刚宝座塔仅约十来处,多为明清时期所建,如云南昆明妙湛寺、北京真觉寺、碧云寺、

江孜八角亭塔

西黄寺,内蒙古呼和浩特五塔寺,山西五台山圆照寺等处,其中北京真觉寺塔是我国金刚宝座塔的早期代表作。另外,四川峨眉山万年寺砖殿也是金刚宝座五塔的形式,在佛殿建筑中尤为别致。

在中国古塔中,还有如同一个巨大花束般的花塔、位于街道或大路上的过街塔、塔门以及其他各种形式的塔。现存中国古塔,数以千计万计,遍布城乡,林林总总,各尽其美,以它们伟大的民族建筑艺术成就而成为我国古建筑园地的朵朵奇葩,装点着华夏锦绣河山。

石 窟 寺

石窟寺是印度的一种佛教建筑,实际上是僧侣们开凿的僧房,是他们集会、诵经、修行的地方。随着佛教传入中国,凿窟造寺之风也在魏晋南北朝时代遍及全国。不过中国的石窟寺与印度不同,它是按中国佛教活动的内容设计的,而且深受传统建筑的影响,中国石窟寺多用来供奉佛和菩萨。

中国现存石窟寺的数量之多、分布范围之广,远远超过了印度。其中最著名的是大同云冈石窟、甘肃敦煌莫高窟和洛阳龙门石窟,它们号称中国三大石窟艺术宝库。在现有的石窟中,敦煌莫高窟、大足石刻、云冈石窟、龙门石窟均被列入《世界遗产名录》。

敦煌莫高窟于1987年入选《世界遗产名录》。世界遗产委员会是这样评价莫高窟的:"莫高窟地处丝绸之路的战略要点,它不仅是东西方贸易的中转站,同时也是宗教、文化和知识的交汇处。莫高窟的492个大小石窟和洞穴庙宇,以其雕像和壁画闻名于世,展示了延续千年的佛教艺术。"

敦煌莫高窟,位于甘肃敦煌市东南25公里的鸣沙山东麓崖壁上,始凿于前秦苻坚建元二年(公元366年),一说为东晋穆帝永和九年(公元353年)所建,初名莫高窟,所以后世将整个石窟群也称为莫高窟,俗称千佛洞(洞窟所在的鸣沙山又称千佛山),可惜最早开凿的莫高窟早已无存,现存最早洞窟为北魏中期所造。莫高窟南北长1600多米,保存完好的洞窟有492个,其中北朝窟32个,隋窟110个,唐窟199个,五代窟32个,宋窟103个,西夏窟3个,元窟8个,清窟5个。几乎全部洞窟内都有壁画,初步估计约4.5万平方米,为世界上罕见的绘画艺术宝库。鸣沙山由砾石构成,不宜雕刻,故多用泥塑,现存彩塑2400多尊。敦煌石窟是一处由建筑、绘画、雕塑组成的博大精深的综合艺术殿堂,是世界上现存规模最宏大、保存最完好

莫高窟秋景

的佛教艺术宝库,被誉为"东方艺术明珠"、"中国古代的美术馆"。20世纪初又发现了藏经洞(莫高窟第17洞),洞内藏有从4世纪到10世纪的写经、文书和文物五六万件,引起国内外学者极大的注意,形成了著名的敦煌学。

万庚育先生曾于1955年创作了"敦煌莫高窟全景图"。该图全长9米,真实、准确地反映了50年代敦煌莫高窟全景。遗憾的是,该图原件已经遗失,但通过多张胶片合成,仍然可以看到莫高窟在半个世纪以前的外形和现在并没有什么差别。

大足石刻位于素有"石刻之乡"美誉的重庆市大足县境内,是主要表现为摩崖造像的石窟艺术的总称。大足石刻最初开凿于初唐永徽年间(公元649年),历经晚唐、五代(公元907—959年),盛于两宋(公元960—1278年),明清时期(公元14—19世纪)亦有所增刻,最终形成了一处规模庞大、集中国石刻艺术精华之大成的石刻群,堪称中国晚期石窟艺术的代表。大足石刻群共包括石刻造像70多处,总计10万余尊,其中以北山、宝顶山、南山、石篆山、石门山5处最为著名和集中。根据世界文化遗产遴选标准Ⅰ、Ⅱ、Ⅵ,大足石刻中的北山、宝顶山、南山、石篆山、石门山5处摩崖造像于1999年入选《世界遗产名录》。世界遗产委员会的评价是:"大足地区的险峻山崖上保存着绝无仅有的系列石刻,时间跨度从公元9世纪到13世纪。这些石刻以其艺术品质极高、题材丰富多变而闻名遐迩,从世俗到宗教,鲜明地反映了中国这一时期的日常社会生活,并充分证明了这一时期佛教、道教和儒家思想的和谐相处局面。"

北山石刻共有摩崖造像近万尊,主要为世俗祈佛出资雕刻。造像题材共51种,以当时流行的佛教人物故事为主,以雕刻精细、技艺高超、俊美典雅而著称于世,展示了中国公元8世纪至

14世纪民间佛教信仰及石刻艺术风格的发展变化。北山造像依岩而建，龛窟密如蜂房，被誉为公元9世纪末至13世纪中叶的"石窟艺术陈列馆"。

宝顶山石刻以圣寿寺为中心，包括大佛湾、小佛湾等13处造像群，共有摩崖造像近万尊，题材主要以佛教密宗故事人物为主，整个造像群宛若一处大型的佛教圣地，展现了宋代（公元960—1278年）石刻艺术的精华。宝顶山大佛湾造像长达500米，气势磅礴，雄伟壮观。

南山石刻共有造像15窟，题材主要以道教造像为主，作品刻工细腻、造型丰满，表面多施以彩绘。南山石刻是现存中国道教石刻中造像最为集中、数量最大、反映神系最完整的一处石刻群。

石篆山石刻造像崖面长约130米，高约3～8米，共10窟，是中国石窟中典型的佛、道、儒"三教"结合造像群。

石门山石刻造像的崖面全长约72米，崖高3～5米，共16窟，题材主要为佛教和道教的人物故事。此外还包括有造像记、碑碣、题刻等。石门山石刻是大足石刻中规模最大的一处佛、道教结合石刻群，其中尤以道教题材诸窟的造像最具艺术特色。作品造型丰满、神态逼真，将神的威严气质与人的生动神态巧妙结合，在中国石刻艺术中独树一帜。

上述五山的摩崖造像不仅规模宏大、雕刻精美、题材多样、内涵丰富、保存完整，而且集中了中国佛教、道教、儒家"三教"造像艺术的精华，生动地反映了中国民间宗教信仰的重大发展、变化，具有鲜明的民族化和生活化特色，成为中国石窟艺术中一颗璀璨的明珠。

云冈石窟始建于北魏文成帝在位时（公元452—465年），

大足石刻一隅

历经40余年。此时正是我国石窟发展期,吸收外来影响较多,如印度式塔柱、希腊卷涡柱头、中亚兽形柱和缨络卷草等均有表现。但在建筑上仍保留着中国传统建筑的风格。云冈石窟因石质较好,故多用石刻而不用塑像和壁画。"雕饰奇伟,冠于一世"是古人对其石刻艺术的赞美。云冈石窟绵延武州山南麓达1公里,现存主要洞窟53个,另有窟龛100多个,大小造像51000余身。大佛最高者17米,最小者仅几厘米。云冈石窟以气势宏伟、内容丰富、雕刻精细著称于世。古代地理学家郦道元这样描述它:"凿石开山,因岩结构,真容巨壮,世法所稀,山堂水殿,烟寺相望。"

云冈石窟是我国现存的最大石窟群之一。2001年12月,云冈石窟根据世界文化遗产遴选标准Ⅰ、Ⅱ、Ⅲ、Ⅳ入选《世界遗产名录》。世界遗产委员会是这样评价云冈石窟的:"位于山西省大同市的云冈石窟,有窟龛252个,造像51000余尊,代表

云冈石窟外景

了公元 5 世纪至 6 世纪时中国杰出的佛教石窟艺术。其中的昙曜五窟，布局设计严谨统一，是中国佛教艺术第一个巅峰时期的经典杰作。"

云冈几十个洞窟中以昙曜五窟开凿最早，气魄最为宏伟，由当时的佛教高僧昙曜奉旨开凿。第五、第六窟和五华洞的内容丰富多彩、富丽瑰奇，是云冈艺术的精华。

龙门石窟位于洛阳市南伊水之畔的伊阙，故又称伊阙石窟。此窟始凿于北魏迁都洛阳以后，北齐、北周、隋、唐以至五代、宋、金均有增建。现存洞窟 1352 个，小龛 750 个，雕塔 35 座，大小造像约 10 万尊。由于龙门石窟的开凿前后延续近 500 年，所以各个时代的特点都有，艺术造诣也较早期成熟。同时，石窟以造像、雕刻为主，不像云冈、敦煌那样本身有成熟的建筑处理。

龙门石窟

  龙门石窟于 2000 年根据世界文化遗产遴选标准Ⅰ、Ⅱ、Ⅲ入选《世界遗产名录》。世界遗产委员会的评价是:"龙门地区的石窟和佛龛展现了中国北魏晚期至唐代(公元 493—907 年)期间,最具规模和最为优秀的造型艺术。这些翔实描述佛教中宗教题材的艺术作品,代表了中国石刻艺术的最高峰。"

  从建筑上讲,有学者指出,石窟寺的价值并不仅仅在于它本身是建筑的一个类别,更重要的是在于它的雕刻和壁画反映了我国早期的建筑活动和形象。在这些宝贵的艺术品中,我们可以看到古代的城垣、宫殿、寺庙、园林、街市的形象,可以找到殿、堂、楼、馆、亭、廊、店铺、民宅、桥梁等建筑的式样,可以看到外国建筑一步步与我国建筑融合的过程,还可以找到古代建筑施工的场面和结构特征。在古代建筑留存下来的实物十分稀少的情况下,这些资料越发显示出它们重要的历史价值。

都 江 堰

都江堰于 2000 年 11 月入选《世界遗产名录》。世界遗产委员会的评价是:"都江堰建于公元前 3 世纪。位于四川成都平原西部的岷江上的都江堰,是中国战国时期秦国蜀郡太守李冰及其子率众修建的一座大型水利工程,是全世界至今为止,年代最久、唯一留存、以无坝引水为特征的宏大水利工程。2200 多年来,至今仍发挥巨大效益,李冰治水,功在当代,利在千秋,不愧为文明世界的伟大杰作,造福人民的伟大水利工程。"

都江堰渠道工程位于青城山麓的岷江干流上,距成都 55 公里,创于古蜀国开明王朝。秦昭襄王时(公元前 3 世纪中叶),蜀郡守李冰主持完成了这一伟大的水利工程。渠道的分水堤(鱼嘴)、引水口(宝瓶口)、泄洪堤(飞沙)设计之巧妙至今仍令中外水利专家叹服。玉垒山、"离堆"、"水则"、铁桩、"漏"等古迹,2000 多年来一直发挥着防洪灌溉作用,成为"天

都江堰

府之国"里与长城可以媲美的伟大工程。都江堰不仅是一项伟大的水利工程，而且是世界上唯一具有 2000 多年历史且至今尚在发挥重要作用的古代水利工程，同时它还是集政治、宗教和建筑精华于一体的珍贵文化遗产。

都江堰一带还有二王庙、伏龙观、安澜索桥等名胜古迹。

二王庙位于岷江右岸的山坡上，前临都江堰，原为纪念蜀王的望帝祠，齐建武（公元 494—498 年）时改祀李冰父子，更名为"崇德祠"。宋代（公元 960—1279 年）以后，李冰父子相继被皇帝敕封为王，故而后人称之为"二王庙"。庙内主殿分别供有李冰父子的塑像，并珍藏有治水名言、诗人碑刻等。

伏龙观位于离堆公园内。传说李冰治水时曾在这里降服恶龙，现存殿宇三重，前殿正中立有东汉时期（公元 25—220 年）所雕的李冰石像。殿内还有东汉堰工石像、唐代金仙和玉真公主在青城山修道时的遗物——飞龙鼎。

安澜索桥古名"珠浦桥"，后又称"评事桥"、"夫妻桥"，始建于宋代以前。它位于都江堰鱼嘴之上，是"中国古代五大桥梁"之一，是都江堰最具特征的景观。索桥以木排石墩承托，用粗竹缆横挂江面，上铺木板为桥面，两旁以竹索为栏，全长约 500 米。明末（公元 17 世纪）毁于战火，1974 年重建成为钢索混凝土桩桥。

都江堰水利工程以独特的水利建筑艺术创造了与自然和谐共存的水利形式。它创造了成都平原的水环境，由此孕育了蜀文化繁荣发展的沃土。

2008 年 5 月 12 日四川汶川发生 8 级地震，造成近千处文物受到威胁。都江堰是震中地区唯一的一处世界文化遗产。震后检查表明，除了景区大门受损外，都江堰遗址尚未受到损害，由此可见其牢实程度。

　　与都江堰齐名的有广西壮族自治区的灵渠（又称湘桂运河、兴安运河）和陕西郑国渠，它们并称为"秦朝三大水利工程"。其中，灵渠属全国重点文物保护单位，位于桂林东北60公里处兴安县境内，全长37公里，建成于秦始皇33年（公元前214年）。由铧嘴、大小天平、南渠，北渠泄水天平和陡门组成。灵渠设计科学，建造精巧。铧嘴将湘江水三七分流，其中三分水向南流入漓江，七分水向北汇入湘江，沟通了长江、珠江两大水系，是现存世界上最完整的古代水利工程。

江南三大名楼

　　中国古代建筑重要组成部分的楼阁，以其丰富的造型和独特的魅力受到古往今来人们格外的青睐，成都望江楼、昆明大观楼、广州镇海楼、贵阳甲秀楼、山东蓬莱阁、宁波天一阁等，无不成为千古名楼，令人神往。而其中最有名气的恐怕要数人称"江南三大名楼"的黄鹤楼、岳阳楼和滕王阁了。

　　享有"天下绝景"盛誉的武昌黄鹤楼，相传为三国吴黄武年间（公元222—228年）创建，后各代屡毁屡修。据史料记载，历史上的黄鹤楼或重檐翼舒，四闼霞敞；或台楼环廊，高标嶙嶒；或层楼连庑，开朗幽胜；或独楼三层，耸天峭地。总之，昔日黄鹤楼，轩昂宏伟，辉煌瑰丽，峥嵘缥缈，几疑"仙宫"，甚至附会许多神话。今天屹立在蛇山之巅的黄鹤楼，为1985年重建。新楼高50余米，外观5层，内有夹层，实为9层，比清同治年间修复的最后一座黄鹤楼高近一倍。主楼建筑面积达

巧构奇筑——中国建筑个案赏析

黄鹤楼

4000多平方米,整个立面显得雄浑稳健、层次丰富,既不失黄鹤楼传统的独特形制,又比历代的旧楼更加恢弘壮观。黄鹤楼自古为登临胜地,不少名士骚客来此摹景抒怀,其中尤以唐人崔颢

《黄鹤楼》诗最为传神:"昔人已乘黄鹤去,此地空余黄鹤楼;黄鹤一去不复返,白云千载空悠悠。晴川历历汉阳树,芳草萋萋鹦鹉洲;日暮乡关何处是,烟波江上使人愁。"

岳阳楼坐落于湖南岳阳市西门城楼上,濒临洞庭湖,素有"洞庭天下水、岳阳天下楼"之称。相传此楼始为三国吴将鲁肃训练水师的阅兵台,唐代修楼,正式定名"岳阳楼",此后千余年间,几经兴废,其中尤为值得纪念的是北宋巴陵太守藤子京主持的修建盛事。大文豪欧阳修为此写下千古传诵的名篇《岳阳楼记》,抒发了"先天下之忧而忧,后天下之乐而乐"的崇高情怀。现存岳阳楼主楼重建于清光绪六年(公元 1880 年),平面呈长方形,三层三檐,通高近 20 米,顶层为黄色琉璃瓦盔顶,

岳阳楼

为我国现存最大的盔顶建筑。其下蜂窝斗拱,富有湖南地方风格。楼为纯木结构,四面环以明廊,腰檐设有平座,可凭栏远眺。岳阳楼地势高峻,下瞰洞庭。整座建筑气势宏伟,并与其他辅助建筑连成一体,交相辉映,引人入胜。

南昌滕王阁有"西江第一楼"之誉,为唐太宗李世民之弟、滕王李元婴都督洪州时,于永徽四年(公元653年)营建。12年后,年轻诗人王勃作《滕王阁序》使其名传千古。历时1300多年,屡毁屡建,重建重修约28次。新建的滕王阁位于赣江与抚河的交汇处,占地4.7公顷,背城临江,面对西山,高54米多,建筑面积达9400平方米,下部是象征古城墙的12米高的台基。碧色琉璃瓦顶,彩画斗拱梁柱,保持着唐阁"层台耸翠,

滕王阁

上出重霄；飞阁翔丹，下临无地"的雄伟气势，登临远眺，可重览"落霞与孤鹜齐飞，秋水共长天一色"的壮美景色。

除了上述三大名楼外，我国不少名楼虽年代悠久，却至今保存完好。这些名楼往往匠心独运，精巧古朴，奇特宏伟，也极富情趣。

烟雨楼，位于浙江嘉兴市南湖湖心岛。原由五代吴越国国王建于湖滨，取唐朝诗人杜牧"南朝四百八十寺，多少楼台烟雨中"的诗意命名。明嘉靖二十八年移于湖心。四面临水，水木清华，晨烟暮雨，堪称胜景。

望江楼，坐落在四川成都市锦江南岸。因有唐女诗人薛涛遗址而闻名。楼高30米，共4层，上两层为八角，下二层为四角，阁尖为鎏金宝顶。现与附近的濯锦楼、吟诗楼等辟为望江楼公园，园内翠竹万竿、幽篁如海，情趣无穷。

甲秀楼，在贵州贵阳市南明河。楼立江中，右依观音寺、翠微阁，是云木萧疏、琳宫璀璨的"南郭胜景"所在。建于明万历年间，取科甲挺秀之意而名"甲秀"。楼中联匾诗碑很多，以清人刘玉山所撰长联最为著称。

鹳雀楼，又名鹳鹊楼，在山西永济蒲州镇城西南，系北周大将宇文护守城时所建，元初被毁，近年当地对此楼作了修复。

大观楼，共有两处：一处位于江西高安县，建于明万历中期，清重修。面临锦江，飞檐高挑，造型宏伟，登楼可俯瞰全城，为城内八景之一。另外一处在云南昆明滇池北岸，系清康熙三十五年所建，现存楼为同治八年重建。依江临海，因楼前门柱上有清乾隆间孙髯所撰180字长联而闻名于世。

民 居 搜 奇

民居是中国各地的居住建筑。我国疆域辽阔，各地民居结合了自然、气候因素与人文情怀，因地制宜地建造了不同类型的建筑，给人以超凡的审美意境。著名美学家王朝闻认为潮汕民居有很高的美学价值，值得研究。

潮汕位于我国东南沿海广东与福建的交界处，背山襟海，美丽富饶，冬无严寒，夏无酷暑，有"南国门户"、"南海明珠"之誉。这里的农村传统民居的样式很多，都冠以生动形象的名称来命名，如"四点金"、"下山虎"、"四马拖车"等。

"四点金"是潮汕独特的村居，是一种多层次、对称、平衡、结构完整的平房式宅第，似北京的四合院。其外绕以围墙，围墙之内打阳埕、凿水井，大门左右两侧有"壁肚"，一进门就是前厅，两边的房间称前房。进而是空旷的天井，两边各有一房间，一间作为厨房，称为"八尺房"；另一间作为草房，一般称为"厝手房"。天井后边为大厅，两边各有一个大房。"四点金"的构筑还有多种：只有前后四个正房，没有厝手房及八尺房，而四厅齐向天井的，称"四称会"；前后房都带八尺房和厝手房的，则变八房为十室的称为"四喷水"。如果"四点金"外围建一圈房屋，则谓之"四点金加厝包"。这种独特的建筑结构通过繁简的变革，就演变为各式不同的建筑风格。

"下山虎"房屋的建筑在潮汕农村中较为普遍。和"四点金"相比，少了两个前房，其余基本一样。"下山虎"因为门路出入不同，顺此有开正门和边门的区别。通常中间不开大门而只

潮汕民居

开两边门的称为"龙虎门",也有既开正门又开两边门的。整座格局前低后高,因此得名。"下山虎"和"四点金"一样,保留有明代京都皇宫王府的式样,如建筑檀木都漆成红色,椽子则漆成蓝色,称为"红楹蓝桷";建筑装饰的石雕、木雕精工细致,漆画和嵌瓷精美辉煌,飞檐画栋上绘制着各种奇花异草和珍禽异兽等吉祥物。正是因为它们的相似之处,故有"京华帝王府,潮汕百姓家"之说。

"四马拖车"也称"三落二火巷一后包",是"四点金"的复杂化。"落"在潮汕方言中是"进"的意思。第一进为凹形门厅,可以遮挡路人和客人的视线。一进与二进间,有天井及左右两道通廊。过了天井便是二进,二进有面阔二间的大厅,两边各有一间房子称为"大房"。二进和三进中间也有天井,三进的结构与二进相同,是长辈们议事的地方。三进的大厅还设置祖龛供奉祖宗灵位。后包指三进后面的一列房子。整个建筑格局就像一架由四匹马拉着的车子,故名"四马拖车"。

吊脚楼

吊脚楼,属于古代干阑式建筑的范畴。所谓干阑式建筑,是一种体量较大、下屋架空、上层铺木板用作居住用的房屋。

湘西吊脚楼是典型的吊脚楼建筑。建筑形式活泼,可临水,也可依山傍谷,或就建在田坝边。稍稍开凿修砌,选上好木料支撑起一座座或者一排排的吊楼来,旁边饰以几丛茂林修竹,省时又省工,温馨而有意境。这种楼飞檐翘角,三面环廊,悬柱铮亮,并嵌有花窗。花窗也往往用意极深,镂有"双凤朝阳"、"喜鹊恋梅"等图案,古朴而秀雅。

吊脚楼的特别之处在于"吊"和"脚"。虽然只有二三层高,但它"吊"在水面和山腰,好似悬在空中的楼阁。楼而有"脚",是由几根支撑楼房的粗大木桩组成。建在水边的吊脚楼,伸出两只长长的前"脚",深深地插在江水里,与搭在河岸上的另一边墙基共同支撑起一栋栋楼房;在山腰上,吊脚楼的前两只"脚"则稳稳地顶在低处,与另一边的墙基共同把楼房支撑平衡。也有一些建在平地上的吊脚楼,那是由几根长短一样的木桩把楼房从地面上支撑起来的。

吊脚楼多为木质结构，直到清代雍正年间才兴盖瓦。一般为横排四扇三间、三柱六骑或五柱六骑，中间为堂屋，供历代祖先神龛，是家族祭祀的核心。根据地形，楼分半截吊、半边吊、双手推车两翼吊、吊钥匙头、曲尺吊、临水吊、跨峡过洞吊。富足人家雕梁画栋，檐角高翘，石级盘绕，大有空中楼阁的诗画之意境。

吊脚楼的建造是土家人生活中的一件大事。第一步要备齐木料，土家人称"伐青山"，一般选椿树或紫树，椿、紫因谐音"春"、"子"而吉祥，意为春常在，子孙旺；第二步是加工大梁及柱料，称为"架大码"，在梁上还要画上八卦、太极图、荷花莲籽等图案；第三道工序叫"排扇"，即把加工好的梁柱接上榫头，排成木扇；第四步是"立屋坚柱"，主人选黄道吉日，请众乡邻帮忙，上梁前要祭梁，然后众人齐心协力将一排排木扇竖起，这时，鞭炮齐鸣，左邻右舍送礼物祝贺。立屋坚柱之后便是钉椽角、盖瓦、装板壁。富裕人家还要在屋顶上装饰向天飞檐，在廊洞下雕龙画凤，装饰阳台木栏。

吊脚楼有很多好处，高悬地面既通风干燥，又能防毒蛇、野兽，楼板下还可放杂物。吊脚楼还有鲜明的民族特色。这种建筑形式主要分布在南方，特别是长江流域地区，以及山区。因这些地域多水多雨，空气和地层湿度大，干阑式建筑底层架空，有助于防潮和通风。同时，它摆脱了古代干阑式建筑的原始性，具有较高的文化品位，被称为巴楚文化的"活化石"。苗族、土家族、侗族都有兴建吊脚楼的习俗。著名土家族诗人江承栋写道：奇山秀水妙交球，酒寨歇乡美尽收；吊脚楼上枕一夜，十年做梦也风流。

蒙古包是满族对蒙古族牧民住房的称呼，被称为"流动的民居"。包，满语是家、屋的意思。蒙古包居室用毡块、木料构成，蒙古语称"蒙古勒格尔"。历史上的蒙古人过着"随畜牧而转移，逐水草而迁徙"的游牧生活，蒙古包是适应这种生活逐步形成的建筑，称"格日"、"百盛"、"毡房"、"毡包"等，中原人叫"穹庐"。蒙古包外形看起来不大，但是包内的使用面积却很大，室内空气流通，采光条件好，冬暖夏凉，不怕风吹雨打，非常适合于经常转场放牧的牧民居住和使用，是蒙古族流动的房舍。

考古证实，蒙古先民最原始的住所为洞穴。随着狩猎业和畜牧业的发展，住宅不断改进，人们以窝棚为居，或者是三木搭架覆盖桦树皮或兽皮的尖顶窝棚，或者是用柳条、蒲草、芦苇等编成的圆顶窝棚，尔后，窝棚进一步演化便成了蒙古包。早期蒙古包分两类，一种是建于车上随车移动的，另一种直接搭在草地上。载于车上的蒙古包极富创意，大小不一，但未能流传。地上的蒙古包沿用至今。

蒙古包为木质框架，分陶脑、乌尼、哈那、乌德几部分。陶脑即天窗，拱形伞状，由3个圆形木环和4个弧形木梁构合而成。乌尼是连接陶脑和哈那的木杆，上细下粗，上插入陶脑环形木方口，下端穿有孔眼用皮绳与哈那连接。哈那是用柳条皮绳编成的菱形网眼网片，有弹性。若干哈那联结成一个圆形的墙壁，蒙古包的大小与哈那的多少有关。普通蒙古包有4、5、6个哈那，大蒙古包有8个哈那，而大型蒙古包有12个哈那。乌德即蒙古包的门，有框、门槛和门楣，门框与哈那等高，门朝南或东南。包门方而小，且连地面，寒气不易侵入。架设时将哈那拉开便成圆形的围墙，拆卸时将哈那叠合体积便缩小，又能当牛、马

蒙古包

车的车板。蒙古包迁徙拆散，定居安装。拆装容易，搬迁简便。

包内陈设物品都有固定位置，正中央为炉灶（火撑）。蒙古族崇拜火，因此火成了一个家庭兴旺繁荣的象征，于是对火撑有若干禁忌，如不许往火里扔不干净的东西，不准敲打火撑子，不能用剪子碰撞火撑子，不能把锅斜放在火撑子上，不能在火灶旁砍东西，等等。其他物品摆设体现着蒙古族尚右尚西的习俗：西北侧供奉神像、佛龛、祖先；西南摆放男人们的放牧、狩猎用具；北面置床桌；东面置竖柜；东南侧置放炊具、奶具等。同样，主人、客人、家人坐卧的位置自西向东为长者、男人、女人、孩子，自北向南为客人、主人。

蒙古包后面立着一根光秃秃的木头杆子，人们十分敬重它，平常不准走近。这个木头杆子有一个优美的传说。传说汉朝苏武出使匈奴王被流放在北海边。当李陵奉命前来劝降时，被苏武痛骂且举节棒欲打吓跑了他。苏武不论是垦荒种粮还是放羊打草、行居坐卧，节棒一刻也不离身，直至节棒飘带和旄球都磨掉了，他还珍爱有加。当地牧民非常敬佩。羁留匈奴 19 年后，苏武被迎回国。当地人为了纪念他，便在蒙古包后边立了一根光木杆，作为苏武当年节棒的象征对其加以敬重。

蒙古包是中国北方游牧民族的典型民居，因具有制作简便、易于组装、抵御风寒等特点而沿用至今。中国其他地区的蒙古族，包括东北的鄂温克、达斡尔，西北的哈萨克、塔吉克等民族多使用类似的毡包。和蒙古包相比，这些毡包高矮不同，形状相异，名称有变，但整体构造则如出一辙，构成了流动民族居住的一大风景线。

碉房是中国西南部的青藏高原以及内蒙部分地区常见的居住建筑形式。从《后汉书》的记载来看，汉元鼎六年（公元 111 年）以前就存在，而碉房的名称至少可以追溯到清代乾隆年间（公元 1736 年）。藏胞利用丰富的石头资源，砌起 2 层或局部 3 层、4 层的楼房。这些楼房大都建在背风向阳处，石墙厚 80～100 厘米，墙上开孔少，门窗洞也很小，外形坚实、稳固，因为其形似碉楼，一般称为"碉房"。

碉房以乱石垒砌而成，风格古朴粗犷，外墙向上收缩，依山而建者，内坡仍为垂直。一般地，底层为牧畜圈和贮藏室，层高较低；二层及以上为居住层。居住各层中，最好的房间设为佛堂，其旁是卧室和厨房。门窗小且排列不整齐，室内采光差。屋顶为平顶，草泥面用石磙压光，屋面之上可作打麦场、晾晒柴草及作户外活动之处。

碉房按其建筑形式可分为碉楼式碉房、碉塔式碉房、独立式和院式碉房。碉楼式碉房一般为 2、3 层，个别有 4 层，四周高

典型羌族碉房

墙封闭,有的上层为凹形平面,利于采光和户外活动,这是主要的建筑形式。碉塔式碉房是在2、3层碉房之上局部突出两三个房间,多作为佛堂之用,上覆坡屋顶,形成顶点,示为塔状。这种建筑形式过去多是百户、千户头人的住居,威严之感尤为明显。独立式碉房是一幢碉房无院落的单独存在,随地形而变化,各座房舍分散于山峦河谷之中。即使是形成了村落,独立式碉房仍然自由布置,高下错落,曲曲折折,通过小径石阶可将独立的碉房联系起来。院式碉房以碉房为主体建筑,它的前面或三面砌筑院墙,形成封闭式院落,沿院墙布置牲畜圈、杂用房及佣人住房等,故这种院式碉房多为贵族头人所住。

碉房有就地取材、建造方便、能避走兽等特点,故能被广泛采用。在半农半牧区地带,也坐落着稀疏的碉房。这些碉房多为土木制作,外墙用土坯或板土夯墙,其高度为2层或局部3层,形式与内部布置和石砌碉房大同小异,只是外表经泥抹光之后,显得简单、洁净。

碉房采用简单的方形或曲尺形平面,很难避免立面的单调,而木质的出挑却以其轻巧与灵活和大面积厚宽沉重的石墙形成对比,既给人以稳重的感觉又使外形变化趋向于丰富。这种做法不仅着眼于功能问题,而且兼顾了艺术效果,自成格调,是我国藏南民居建筑的典型特色,也是我国少数民族建筑遗产的重要组成部分,具有很高的研究价值。

阿以旺式民居以阿以旺厅而得名,是新疆维吾尔族久负盛名的建筑形式,已有2000多年历史。阿以旺是维吾尔语,意为明亮的处所,因为信奉伊斯兰教,在建筑风格上形成了鲜明的宗教特色。

阿以旺式民居平面布局灵活。前室称阿以旺厅,又称夏室,开天窗,有起居会客等多种功能。后室称冬室,做卧室,一般不开窗。阿以旺厅是该类民居中面积最大、层高最高、装饰最好、最明亮的厅室,室内中部设2~8根柱子,柱子上部突出屋面,设高侧窗采光,柱子四周设2.5~5米宽、45厘米高的炕台,厅内整洁美观,壁面全用织物装饰,如壁毡、门帘、窗帘等,地面铺地毯;采暖不用火塘直接烤火,以免烟灰污染,而用壁炉、火墙、火坑,保持室内清洁。阿以旺厅平常为生活、起居之地,佳节喜庆时则是能歌善舞的维吾尔族人民欢聚弹唱、载歌起舞的欢乐空间。

阿以旺式民居的所有其他房间都以阿以旺厅为中心布置。为了在节日举行宗教仪式活动和接待亲友,每户居民通常都有一间上房，一般在西面，最少是两开间，使用面积约 30~40 平方米。考虑到人群聚散和空气流通，常设内外两重门，房中有一个通长的大火坑，火坑对面的墙壁悬挂着古兰经字画或麦加圣地图画，便于老年人做礼拜。

信仰伊斯兰教的民族喜好清洁，很重视沐浴，特别讲求水源的洁净。在没有渠水可引的地方，几乎每户都在庭院自打一口井，并严格保护水源，使其不受污染。

在建筑用材上，新疆民居的屋盖多用土坯拱券，以满足夏季隔热、冬季防寒的要求，满足了新疆属大陆性气候的昼夜温差很大的需求。阿以旺式住宅用密梁平顶。受汉族文化影响较多的回族民居，多喜用内地木构架起脊的屋顶，平面布置也采取四合院、三合院形式，和汉族的住宅没有多大差别。

在建筑装饰方面，多用虚实对比、重点点缀的手法，廊檐彩画、砖雕、木刻以及窗棂花饰，多为花草或几何图形；门窗口多为拱形；色彩则以白色和绿色为主调，表现出伊斯兰教建筑特有的风格。

从建筑的角度看，阿以旺完全是室内部分，是民居内共有的起居室；但从功能分析，它却是室外活动场地，是待客、聚会，歌舞活动的场所。阿以旺比其他户外活动场所如外廊、天井等更加适应风沙、寒冷、酷暑等气候特点，是一种根植于当地地理、气候、文化环境中的本土建筑，体现了维吾尔族人民特有的建筑气质。

对于客家人来说，最熟悉的民居是土楼。土楼建造以客家为主，从魏晋时代始便形成的这种聚族而居的大规模的堡垒式住宅，是客家人为防卫侵袭、避免战乱所形成的特有建筑，遂形成

初溪土楼群

了一代建筑遗风,在福建南部永定、龙岩、南靖、平和、大埔、饶平一带广为盛行。2008年7月,福建土楼中的永定客家土楼,包括初溪土楼群、洪坑土楼群、高北土楼群、衍香楼等列入《世界遗产名录》。

一般地,土楼体量高大,高可达十二三米,三到四层结构,外墙是厚达一两米的坚实夯土墙,在各地民居中独树一帜。福建土楼最有代表性的主要有3种:圆楼、方楼与五凤楼,在此基础上产生了许多变异形式。

圆楼的代表是永定县的承启楼。该楼建于清康熙四十八年(公元1709年),历时3年完工,占地5376平方米,直径73米,外墙周长229米,外环楼4层,每层72个房间,第二环楼2层,每层40个房间,第三环楼为单层,有32个房间,中心是祖堂。三环主楼层层叠套,中心位置耸立着一座祖堂。正是因为承启楼规模宏大、历史悠久,所以就有这样的顺口溜:"高四层,楼四圈,上上下下四百间;圆中圆,圈套圈,历经沧桑三百年。"

土楼内部（局部）

　　方楼四面都高三到四层，内院在正对大门的中轴线上设置祖堂，供放祖先的牌位，也是举办典礼的场所。祖堂放在楼内居中的主要部位，这不仅是一种中央崇拜的仪制，对于中原移入闽南的客家人和其他移民来讲，恐怕还有不忘其本、不忘其祖的深刻含义。大多数方形土楼的外围和内院之中都有附加的建筑物，当地人称之为"厝"。这些附加的建筑与土楼结合得非常妥帖，体现了一种主次关系，成为土楼院落不可分割的一个部分，创造了丰富多彩的空间形式，以及优美的群体的建筑形象。

　　五凤楼在中轴线上分列三堂，下堂为门屋，地势稍低；中堂为祖堂，作为接待宾客，举行宗法典礼的场所，是全宅的中心，地势稍高；后堂为三至五层的主楼，高矗在中轴线的北端，是族内尊长的居处，为全宅最高建筑。三堂之间有廊庑连接，围合成两个院落。左右建二列屋顶为阶梯状横屋，由三层逐步递落为两层、单层，犹如三堂的两翼，是辈分较低者的住处。五凤楼的"五凤"分别指赤、黄、绿、紫、白五种不同颜色的"鸟"，同时也象征着东、南、西、北、中五个方位，体现了建筑中轴与左右前后四个方向有序结合的特点。五凤楼在外观上层层叠叠，高低错落，看起来犹如一片气势恢弘的府第、宫殿，又好像欲展翅飞翔的凤凰。

圆楼、方楼与五凤楼这三种土楼中，五凤楼是最早出现的土楼形态，从建筑形式上看，它与中原传统建筑的联系最紧密，从中仍然可以看到"礼别异，卑尊有分，上下有等，谓之礼"的社会伦理观念。此后，五凤楼演变到方楼、圆楼，土楼民居的形态几乎彻底地改头换面了。圆楼与方楼除了居中的祠堂的地位较高外，由于大小一致，卧房环绕中心布局展开，建筑格局已经无法辨认尊卑秩序了。

长虹饮涧古桥美

多山多水的自然环境给我国的交通带来了极大的麻烦，却也为我们发挥聪明才智、改善这种恶劣的交通情况提供了条件。中国是桥的故乡，自古就有"桥的国度"之称，发展于隋、兴盛于宋、遍布在神州大地的桥，编织成四通八达的交通结点，连接着祖国的四面八方。我国古代桥梁的建筑艺术，有不少是世界桥梁史上的创举，充分显示了我国古代劳动人民的非凡智慧。

"聚流东西南北水，红杆三百九十桥"，唐代诗人白居易绘声绘色地描写了水镇桥乡的美景。桥之美首先在于其实用之美在中国南方,特别是江苏、浙江等水域宽广的城市,无论城市或乡村,河道纵横,小桥密布,为居民提供了便捷的交通。然而,桥的价值绝不仅在于此。我国古桥不仅历史悠久,工程技术高超,而且造型优美,仪态万方,无不成为精湛的艺术品。故此人们常用"苍龙卧波"等词语描写梁桥,用"长虹横空"等描写索桥,用"新月出世"、"玉环半沉"等描写拱桥;而桥身各种装饰如文字、图画、雕刻、建筑等,都和桥梁结合起来,常寄寓了人们的美好意愿或富哲理的禅思。作为中国科技史专家的英国人李约瑟博士十分中肯地指出,中国古桥之美"来自于巧妙地将理性和浪漫主义相结合"。这是中国文化特有的才能。

正是由于古桥特殊的功用与价值,古桥形成了一道独特的风景。《吴县志》记载,苏州城内共有310余座桥梁,加上近郊640余座,合计有近千座桥梁,被誉为中国桥都。近年来,有些城市加大了桥梁建设的力度,新桥涌出,新的桥都渐渐形成。中国土木工程学会秘书长、桥梁专家张雁称重庆为"中国桥都"。即使是曾认为重庆要慎提"桥都"的中国工程院院士、桥梁专家、同济大学教授项海帆,也把重庆与"中国桥都"联系在了一起。和古桥相比,新桥更多地散发着现代化的气息。

古桥年代定位于民国以前。中国古桥数量十分庞大,也许要以十万百万计。古桥分布之广,从下面的统计中便可得以管窥:

浙江:新昌迎仙桥、嵊州玉成桥、绍兴广宁桥、新昌风雨桥、嵊州万年桥、绍兴古桥、新昌大庆桥、嵊州品济桥、上虞等慈桥、新昌司马悔桥、嵊州访友桥、温州泰顺泗溪东桥、新昌皇渡桥、嵊州和尚桥、温州泰顺三条桥、诸暨五显桥、杭州西湖断桥、嵊州新官桥等。

江苏:同里富观桥、苏州上津桥、苏州下津桥、苏州枫桥、苏州彩云桥、苏州普济桥、同里古桥、苏州越城桥、苏州宝带桥、无锡清名桥、苏州寿星桥、南京七桥瓮、扬州五亭桥等。

北京：卢沟桥、清河桥、银锭桥、朝宗桥、后门桥、通运桥、榆河桥等。

四川：峨眉解脱桥、木里伸臂梁桥、丰都奈何桥等。

云南：滇西古桥、建水双龙桥、观音堂桥、澜沧江霁虹桥、木撑架桥等。

福建：泉州洛阳桥、晋江安平桥、漳州江东桥、永春东关桥、临江镇安桥、永春通仙桥、铅山古桥等。

还有贵州黎平地坪花桥、大七孔桥、镇远祝圣桥，山西晋城景德桥、原平普济桥、晋祠鱼沼飞梁、河南临颍小商桥、弘济桥、云溪桥，广西三江程阳风雨桥、三江琶团培龙桥、四川都江堰安澜索桥、泸州龙脑桥、西川宝兴弓弓桥、江西彩虹桥、南城万年桥、宜丰逢渠桥、西藏拉萨积木桥、拉萨瑜顶桥……

上述各色古桥不仅以矫健的桥身飞跨济渡，而且以其优美的形象和绚烂多姿的艺术内容装点着祖国的大好河山，给人以独特的视觉享受。中国古桥之多之美实在是难以描绘，一一加以介绍显然游离了本书的宗旨，然而，通过典型古桥的介绍，认识我国古代名桥，从中体会中国古桥建筑的特色，宣传中国古桥文化遗产，推动中国古桥入选世界文化遗产名录，则是一个不可忽视的问题。有些有志之士已经意识到了这个问题，2006年6月6日启动首届"中国桥文化周"活动，推动了古桥文化遗产保护运动的开展。人们有理由相信，古桥和其他优秀的传统建筑一样，已经构成了中国历史文化遗产的有机组成部分。

各古桥中，赵州桥、洛阳桥、广济桥、霁虹桥被称为是我国的四大名桥。也有人认为，赵州桥、苏州宝带桥、泉州万安桥、卢沟桥、程阳永济桥是我国的五大名桥。

赵州桥，又名安济桥，建于公元 595—605 年的隋代，由著名匠师李春设计建造，是世界上年代最久、跨度最大的单孔坦弧敞肩石拱桥，也是我国现存最古老的大跨径石拱桥。这座桥建造在河北省赵县城南五里的洨河上。它气势宏伟，造型优美，远远看去，好像初露云端的一轮明月，又像挂在空中的一道雨后彩虹，十分美丽壮观。

赵州桥全长 64.4 米，拱顶宽 9 米，拱脚宽 9.6 米，跨径 37.02 米，拱矢 7.23 米。从整体看，它是一座单孔弧形石桥，由 28 道石拱券纵向并列砌筑而成。不仅与实肩拱桥相比显得分外空灵秀丽，而且具有我国独特的民族艺术风格，是我国古代建筑的伟大作品。

赵州桥建筑结构独特，"奇巧固护，甲于天下"（唐中书令张嘉贞语），被誉为"天下第一桥"。在建筑史上占有十分重要的地位，对世界后代的桥梁建筑有着十分深远的影响。特别是对拱肩加拱的敞肩拱的运用，更为世界桥梁史上之首创。在欧洲，最早的敞肩拱桥为 18 世纪法国在亚哥河上修造的安顿尼特铁路石拱桥和在卢森堡修造的大石桥，但它们比中国的赵州桥已晚了近 1100 年。

赵州桥不仅科学水平很高，而且造型艺术十分优美。它的弧形平拱和敞肩小拱的造型，巨身空灵，线条柔和，雄伟秀逸，稳重轻盈；远眺犹如苍龙飞架、初月出云，又宛若长虹饮涧、玉环半沉。在桥的主拱顶上雕有龙头形龙门石一块，八瓣莲花的仰天石点缀于桥侧。以造型逼真的石雕群像，运用浪漫手法，塑造出想象中的吸水兽，寄托人们期望大桥永不遭受水灾、长存永安的愿望。桥两边的栏板和望柱上，雕刻有各种蛟龙、兽面、竹节、

赵州桥

花饰等。蟠龙汪洋戏水,苍龙意欲腾空,龙兽之状,若腾若飞。石雕的刀法苍劲古朴,艺术风格豪放而新颖,刻工精细,意境深远,显示了隋代浑厚、严整、矫健、俊逸的石雕风貌。整个大桥堪称是精湛的艺术珍品,隋唐艺术的精华。

赵州桥融技术与艺术于一体,可谓"车马千人过,乾坤此一桥"。由于其建筑巧夺天工,所以自宋元以来,广泛流传着鲁班修桥,上帝派"天工"、"神丁"暗中相助,一夜成桥的神话故事。脍炙人口的戏剧《小放牛》,把匠师李春喻为"圣人",更增添了赵州桥的神奇色彩。1961年,国务院公布赵州桥为第一批全国重点文物保护单位。1991年,赵州桥被美国土木工程师学会认定为世界第十二处"国际土木工程历史古迹",并赠送铜牌立碑纪念。这标志着赵州桥不仅是我国最负盛名的古桥,而且是与埃及金字塔、巴拿马运河、巴黎埃菲尔铁塔等世界著名历史古迹齐名的建筑文化遗产。

"洛阳之桥天下奇,飞虹千丈横江垂。"这是明代诗人凌登盛赞洛阳桥的诗句。洛阳桥是中国现存年代最早的梁式跨海大石桥,它原名"万安桥",只因位于泉州东郊的洛阳江上,才有洛阳桥的称谓。泉州在唐宋时期是闽南、粤东地区进京的必由之路,当时洛阳江上只有船渡。每逢大潮,客商常常翻入江中。当地人为了祈求万无一失地平安过渡,就把这个渡口称为"万安渡"。过往客商和泉州百姓都盼着能在这里修建一座大石桥,据《泉州府志》记载,旧万安渡是北宋庆历初郡人李宠甃石作的浮桥,后由郡守蔡襄主持改建成石桥。

洛阳桥始建于北宋皇祐四年(公元1053年)至嘉祐四年(公元1059年),前后历经7年之久,耗银1400万两,建成了这座跨江接海的大石桥。据史料记载，桥以江心岛中洲为界分为南北两段，初建时桥长三百六十丈，宽一丈五尺，整座桥全部用当地产的花岗石建成。"飞梁遥跨海西东"，气势磅礴，雄伟壮观。桥的附属构件丰富，桥墩 46 座，两侧有 500 个石雕扶栏 28 尊石狮，兼有 7 亭 9 塔点缀其间，武士造像分立两端，桥的南北两侧种植松树 700 棵，古色古香，颇有韵味。其造桥工程规模巨大，结构工艺技术高超，名震四海，属于我国重点保护文物，为我国古代四大名桥之一。

洛阳桥建桥九百余年以来，先后修复 17 次。现存桥长 834 米，宽约 6 米，高 7.3 米，残存桥墩 31 座。石梁每条长约 11 米，宽 1 米，厚 0.8 米左右。尚有中亭立于中洲，左侧有"西川甘露"碑亭，四周有历代摩崖石刻及碑刻。其中，最著名的是"万古安澜"等宋代摩崖石刻。桥北有昭惠庙、真身庵遗址。桥南有蔡襄祠，著名的《万安桥记》宋碑，文章精练，书法遒美，刻工精致，碑文由蔡襄自撰自书，立于祠内，被誉为书法、记文、雕刻"三绝"。在造桥方面，工匠们创造了一种直到近代才被人们认识的新型桥基——筏形基础，沿着桥的中轴线抛置大量石块，形成一条连接江底的矮石堤，然后在上面建造船形墩。船形桥墩颇具特色，它有利于分水，再大的浪都不易正面冲击桥墩。同时采用"激浪涨舟，浮运架梁"的妙法，把一条条重达数吨的大石板架在桥面上。他们又在桥下养殖大量牡蛎，把桥基涵和桥墩石胶合凝结成牢固的整体。这就是造桥史上最别出心裁的"种蛎固基法"，是世界上第一个把生物学运用于桥梁工程的创举，乃至中国著名桥梁专家茅以升称赞洛阳桥在技术上是"桥梁中的状元"。

民谣曰:"潮州湘桥好风流,十八梭船二十四洲,二十四楼台二十四样,两只铁牛一只溜。"潮州湘桥便是广济桥。它坐落在广东省潮州城东门外,横卧在滚滚的韩江之上,东临笔架山,西接东门闹市,南眺凤凰洲,北仰金城山,景色壮丽迷人,以其"十八梭船二十四洲"的独特风格入选中国四大古桥,著名桥梁专家茅以升称之为"世界上最早的启闭式桥梁"。

广济桥始建于宋乾道七年(公元1171年),初筑石墩1座,置大船86只,架舟为梁,拴以大绳,成为一座浮桥。至明正德八年(公元1513年)始建桥墩24座,其中,东段13座,西段11座。桥墩上建有形式各异的廿四对亭台楼阁,兼作经商店铺,故有"廿四楼台廿四样"、"一里长桥一里市"之美称。桥墩、桥梁均以巨石砌成,石梁长13米至15米,宽近1米,另有2只铁牛分东西镇水,桥中间以18只梭船连成浮桥,形成"十八梭船廿四洲"的独特风格。明知府王源于宣德十年(公元1435年)叠石重修,更名"广济"。该桥集梁桥、拱桥、浮桥于一体,是我国桥梁史上的孤例。广济桥梁结合,使得"湘桥春涨"成为"潮州八景"之一。每当暮春三月,韩江水涨,河面增阔,湘子桥东西段中间十八梭船连成一线,真似长龙卧波。观上游两岸的滴翠竹林,下游仙洲盛开的桃花和沿江的绿柳都像浮在水面,景色宜人。这一番景致在清乾隆进士郑兰枝盛传海内外的"潮州八景"诗中,描绘得绝妙:"湘江春晓水迢迢,十八梭船锁画桥。激石雪飞梁上冒,惊涛声彻海门潮。鸦洲涨起翻桃浪,鳄渚烟深濯柳条。一带长虹三月好,浮槎几拟到云霄。"每当夜色来临,广济桥又别有一番情趣:"吹角城头新月白,卖鱼市上晚灯红。猜拳蛋艇犹呼酒,挂席盐船恰驶风。"明月初上的广济桥,酒肆中灯笼高悬,蛋艇里猜拳行令,妓篷中丝竹细语,真是

广济桥

"万家连舸一溪横,深夜如闻鼙鼓鸣",待到"遥指渔灯相照静",已是"海氛远去正三更"。

元代诗人鲜于必仁在《折桂令·卢沟晓月》中,对卢沟桥的景色作了这样的描写:"出都门鞭影摇红,山色空濛,林景玲珑。桥俯微波,车通远塞,栏倚长空。起宿霭千寻卧龙,掣流云万丈垂虹。路杳疏钟,似蚁行人,如步蟾宫。"可见此景之美!也难怪"卢沟晓月"历来为燕京胜景。由于意大利人马可·波罗曾向欧洲人介绍汗八里城(即元大都,今北京)有一座"美丽石桥",并盛赞它是世界上最好的、独一无二的桥,因此,欧洲人往往称卢沟桥为"汗八里的美丽石桥",或干脆称之为马可·波罗桥。

卢沟桥始建于金大定二十九年(公元1189年),明清时代均有重建。此桥工程浩大,建筑宏伟,结构精良,工艺高超,为我国古桥中的佼佼者。桥长266.5米,宛如一座美丽的长虹,横跨两岸,11个拱券洞门悠然卧在波澜之上,每个桥墩前的分水尖,像一把利剑伸向兴风作浪的孽蛟,迫使它驯服地从洞门流过。此即卢沟桥上著名的"斩龙剑"(或称斩凌剑)。在桥墩、拱券等关键部位,以及石与石之间,都用银锭锁连接,以互相拉联固牢。这些建筑结构是科学的杰出创造,堪称绝技。

卢沟桥还以其精美的石刻艺术享誉于世。桥的两侧有281根望柱,柱头刻着莲花座,座下为荷叶墩。望柱中间嵌有279块栏板,栏板内侧与桥面外侧均雕有宝瓶、云纹等图案。每根望柱上有金、元、明、清历代雕刻的数目不同的石狮,其中大部分石狮是明、清两代原物,金代的已很少,元代的也不多。这些石狮千姿百态,生动逼真,是卢沟桥石刻艺术的精品。柱头石狮有雌雄之分,雌的戏小狮,雄的弄绣球,或静卧,或嬉戏,或张牙舞爪,或回眸顾盼,特别是许多顽皮的小狮子,更是不守"规矩",有的爬在雄狮背上,有的偎在母狮膝下,姿态生动。有的大狮子身上,雕刻了许多小狮,最小的只有几厘米长,有的只露半个头,一张嘴。因此,长期以来有"卢沟桥的狮子数不清"的说法。1962年有关部门专门派人搞了一次清点,逐个编号登记,清点出大小石狮子485个,应该说是"谜团冰释"了。孰料,在1979年的复查中,又发现了17个,这样,大小石狮子的总数应为502个。这是否最准确的数字,也只有等待时间的检验了。

卢沟桥的两端各设有华表4根,高约4.65米,无论是近看或远望,其高度与体量都同桥的比例很协调,既壮观又优美。桥畔两头各筑有一座正方形的汉白玉碑亭,每根亭柱上的盘龙纹饰雕刻得极为精细。一座碑亭内竖着清康熙帝重修卢沟桥的碑,另

卢沟桥

一座碑亭内立有清乾隆帝御书的"卢沟晓月"碑。

桥的东头是宛平县城,这是一座建于明末拱卫京都的拱极城。1937年7月7日在这里爆发的"卢沟桥事变",点燃了抗日战争的熊熊烈火。卢沟桥的望柱以及宛平城城墙上,当年日军的弹痕至今犹斑斑可见。卢沟古桥现在只准许行人步行通过,为全国重点保护文物。目前,卢沟桥、宛平城、中国人民抗日战争纪念雕塑园以及中国人民抗日战争纪念馆,已经成为目前全国最大的纪念抗日战争的爱国主义教育基地。

侗族风雨桥是一种用木头的榫铆结构架起的桥,上覆瓦顶,能避风雨,故称风雨桥。其中,最为雄伟壮观的当属程阳永济桥。它位于广西三江侗族自治县林溪乡程阳村林溪河畔,始建于1912年,于1924年建成,桥长77.76米,桥道宽3.75米,桥面高11.52米,为石墩木结构楼阁式建筑,2台3墩4孔。墩台上建有 5 座塔式桥亭和 19 间桥廊，亭廊相连。桥分 2 层、楼阁 5 个，阁高 2 丈。楼阁造型，有 2 座是 5 层四角塔形楼亭，2 座是 5 层殿形楼亭，分布在桥的两端，互为对衬，中间一座是六角塔形楼阁。在 5 个楼阁之间的跨桥上面，盖上青瓦衔接，朝脊的一端都作弯月起翘状，好似金凤欲展翅翱翔一般，使整座大桥从上到下，浑然一体，重瓴联阁，雄伟壮观。由于楼阁亭檐巧妙地运用了杠杆原理，采用方吊柱形式，使亭檐婷婷而上，势态如飞，令人神往。在桥亭顶端和亭檐翘角都镶有装饰物，或是用若干个铁罐相衡套扣组成的串串"葫芦"，或是用桐油、石灰、糯米浆为原料，塑造成一只只栩栩如生的吉祥鸟。一串串葫芦，象征风调雨顺，瓜果累累，年年丰收。一只只吉祥鸟，向往青山，展翅欲飞，融于大自然的美景中，点缀风雨桥美如图画。

程阳永济桥

中国最美的村镇

白居易的《忆江南·江南好》以及马致远的《天净沙·秋思》勾画了一幅小桥流水、亭台楼阁的江南美景。江南水乡古镇中，以南浔、乌镇、西塘、周庄、同里、甪直六大古镇最为著名（也有人将其扩大为周庄、西塘、同里、乌镇、甪直、南浔、木渎、朱家角、光福、安昌十大古镇）。2006年，由中国百家地方媒体推荐、公众投票产生了十大"中国最美的村镇"，它们是江西婺源古村、重庆合川涞滩古镇、福建培田古村、浙江乌镇、山西皇城相府、河南朱仙镇、云南和顺古镇、安徽宏村、江苏光福古镇和江苏周庄。

有着九百余年悠远历史的江苏周庄被誉为"中国第一水乡"、"神州第一水乡"，走进小镇处处可见江南水乡"小桥、流水、人家"的独特风貌。中国当代画家吴冠中曾断言：黄山集中国山川之美，周庄集中国水乡之美。1984年，著名中国旅美画家陈逸飞来周庄，为之流连不去，后创作油画《故乡的回忆》，并于1994年由美国西方石油公司董事长哈默买下后赠送给邓小平同志，于是传为佳话，周庄也因此走向世界。最新确定的《世界文化遗产预备名单》中，苏州甪直、"中国第一水乡"周庄与桐乡乌镇、嘉善西塘4个江南水乡古镇一并入围。限于篇幅，本书略选几幅图片，读者可以从中领略村镇之美。

周庄双桥全景

同里民居

乌镇民居

培田古建筑群

婺源民居

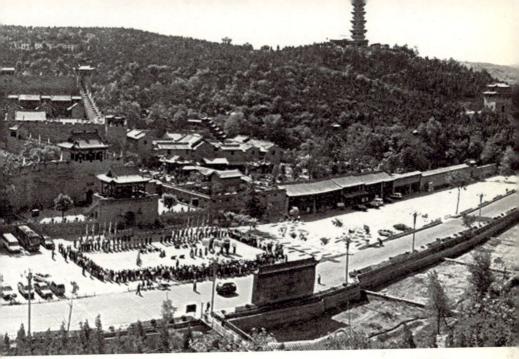

皇城相府

江苏光福古镇

龚滩古镇

宏村全景

西递民居一隅

和顺古镇

乔家大院

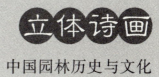

立体诗画
中国园林历史与文化

园 林 源 起

　　中国园林的历史大约可以追溯到三千多年以前，即奴隶社会发达的商周时期。最早见于史籍记载的园林形式是"囿"，其中的主要建筑物是"台"。"囿"是帝王、奴隶主放养禽兽以供狩猎游乐和欣赏自然界动物生活的一个娱乐场所，当然跟今天的所谓园林大相径庭。《诗经·大雅·灵台》："王在灵囿，麀鹿攸伏。麀鹿濯濯，白鸟翯翯。王在灵沼，于牣鱼跃。"意思是："国王游览灵园中，母鹿伏在深草丛。母鹿肥大毛色润，白鸟洁净羽毛丰。国王游览到灵沼，啊！满池鱼儿也欢欣跳动。"（程俊英译）显然，"灵囿"已具有了园林的雏形。

　　秦汉时代，"囿"的名称被"苑"或"苑囿"代替，其内容也有所变化。例如汉武帝在秦代基础上扩建的上林苑，地跨长安、咸宁、周至、户县、蓝田五县，绵延数百里。其间不但有广阔的山林、坡坂和池沼，同时还有众多的建筑，并且苑中再置园苑。其中建章宫内苑部分聚土为山，十里九坡，种植奇树，并穿沼引水为太液池，池中按方士神仙之说，筑瀛洲、蓬莱、方丈三仙山。"一池三山"从此以后遂成为历代皇家园林的主要模式，一直沿袭到清代。汉代后期，还出现了富商大贾的私园，《西京杂记》就有这类记载。

　　秦汉为中国古典园林的发生期，尚不具备园林的全部类型，造园活动的主流是皇家园林，其特色是规模宏大、内容充盈，体现着一种笼盖宇宙的气魄和力量。当时私家园林虽已见诸文献记载，但为数甚少，亦无特色。这时的园林功能慢慢转化为以游憩、观赏为主，但正如周维权先生所指出的，这时期的园林建筑作为一个造园要素，与山水、植被等园林要素之间似乎并无密切的有机联系，因此，园林的总体规划尚比较粗放，谈不上多少经营设计。尽管如此，古人的造园艺术天才已在此时有所显露，尤其是前文提到的模仿自然山水的"一池三山"的造园方法更是划时代的创举，它表明园林活动已局部达到了艺术创作的境地。

一般认为，阿房宫上林苑是中国最早的园林。针对这一说法，存在着不同的争论。一种观点认为，我国最早的园林建筑起始于洛阳；另一种观点认为，早在阿房宫兴建之前，苏州已有了两三百年的建城历史，据《苏州府志》记载，苏州早在周代已有园林六处，从时间上看，苏州园林应该早于阿房宫。还有人提出，楚国的园林才是最早的园林，因为从营造的时间推测，苏州的园林很可能学习借鉴了章华台。苏州作家朱红说，中国的园林技艺早在楚国营造章华台时已相当成熟。洛阳、苏州、潜江、西安，到底谁是中国园林的发源地？从当代资料看来，到底何处是中国园林的发源地还难以确定。而截至目前，文物考古所发现的最早的园林是上林苑。

中国社会科学院考古研究所和西安市文物保护考古所联合组建的阿房宫考古工作队通过考古发掘发现，在阿房宫前殿遗址正西1150米处，有一大型黄土遗址建筑台基，东西长250米、南北宽45米，距地面高度7米，距秦代地面高9米。黄土台基中下部有纵横交错的排水管道，说明这个黄土台基上曾有过被人使用过的大型宫殿建筑。在这一黄土台基北部3.8米处地下，发现一"矩"字形石渠遗存，东侧向南长17.4米，西侧向北长4.9米，东西长9米，水渠宽40厘米，深12~15厘米，水渠底层铺大鹅卵石，上铺小鹅卵石，水渠两侧砌筑比较规则，2至3排由呈"品"字形的大鹅卵石铺就。专家认为,这是比较典型的小桥流水式渠道和园林遗址。

西安市文物保护考古研究所所长孙福喜研究员认为,这是迄今为止发现的中国最早的园林遗址,进一步证实了史书上关于阿房宫是在秦皇游幸的上林苑的基础上扩建而成的记载,从而证实了秦阿房宫不仅仅有规模宏大的阿房宫前殿,而且是由一系列宫殿组成的宏伟建筑集群。

时代的动荡和园林的大变

魏晋南北朝时期,一方面是政治关系和社会生活的剧烈动荡,另一方面却是整个文化界的异常活跃,儒、道、佛、玄诸家争鸣,彼此阐发,热闹非凡。文化的繁荣促成了艺术领域的开拓,而作为社会文化的缩影,此时园林的面目与前代相比,当然不能不发生重要的变化。因此,这一时期是中国古典园林发展史上的一个承前启后的转折期,其具体表现是造园活动逐渐普及于民间而且升华到艺术的殿堂。

从东汉末年开始,华夏大地便开始了频繁的动乱,同时造成了文化的动荡,朝不虑夕的文人士大夫们对西汉以来笼罩海内的正统儒学已渐渐失去了往日的信赖和虔诚,而魏晋以后无情的政治斗争现实,更使他们感慨万千,"年命如朝露","人生忽如寄"。在他们身上,再也难以找到执著追求功名事业的高亢感情,剩下的则是玄远、放任、旷达和颓废。他们寻求着避世和出世的途径。于是,远离人事扰攘的大自然很快成为他们最理想的精神家园。然而,他们畏怯游山玩水的艰辛跋涉之苦。如此,

"第二自然"园林的营造在士人的生活中便占据了重要位置,私家园林兴盛起来。当然,以崇尚"自然"为宗旨的玄学对以山水为主要艺术手段的园林也具有直接的影响。

东晋南朝时期,士人私家园林之盛是曹魏、西晋时所不能比拟的,从庾阐、谢安、王羲之、谢灵运等高门名宦到"饥来驱我去,不知竟何之"的陶渊明,当时的士大夫们大都悉心经营着自己或大或小的园林。究其原因,一是玄风犹炽,士大夫们亟须在游赏山水和经营园林中表现出自己体玄识远、萧然高寄的襟怀和风度;二是江南优越的自然地理条件。人们发现、赞叹并热爱江南风光之美,并非自古而然,两汉以前赏识江南自然美的人并不多,"江南佳丽地"是东晋南朝人的突破性发现。这为文人士大夫寄情山水、营建园林提供了条件。

魏晋南北朝时期的私家园林见于文献记载的颇多,其中有建在城市里面的城市型私园——宅园、游憩园,也有建在郊外,与庄园结合的别墅园。在园林内容和格调上,文人名士与达官贵戚的园林有所不同,北方与南方的园林也多少反映出自然条件和文化背景的差异。

除私家园林的兴盛以外,魏晋南北朝时期的皇家园林也有所发展,并往往纳入都城建设的总体规划之中,但它们的规模较之秦汉则要小得多了。另外,由于佛教的盛行,又形成了一种新的园林类型——寺观园林。私家、皇家、寺观等多种古典园林类型在相同的中国文化这一大背景下,其意趣日渐走向融合。

中国古典园林在魏晋南北朝时期已由再现自然进而至于概括、抽象、提炼以表现自然,并奠定了后世园林艺术风格和艺术方法的一些根本原则,如以山水植物等自然形态为主导构建园林景观,曲折深邃的空间造型,文学、绘画等士人艺术与园林艺的融合，等等。尤其值得注意的是，以文人名士为代表的表现隐逸、追求山林泉石之怡性畅情的倾向，成为后世文人园林的先声。

成熟期的隋唐园林

隋唐是中国古代文化在总体上高度发展的时期。苏轼说："诗至杜子美，文至韩退之，书至颜鲁公，画至吴道子，而古今之变，天下之能事毕矣。"在这样一个全面成熟的文化背景下，中国古典园林的发展在这一时期达到全盛局面是不难理解的。园林史家说：隋唐园林仿佛一个人结束了幼年和少年阶段，从而进入到风华正茂的成年期。

这时的皇家园林继西汉之后，再一次展现出恢弘的气势和灿烂的光彩，所谓"皇家气派"已完全形成。隋炀帝迁都洛阳，"首营洛阳显仁宫，发江岭奇林异石，又求海内嘉木异草，珍禽奇兽，以筑苑囿……"后又建起规模巨大的西苑，周二百里，其内为海，周十余里，海上建瀛洲、蓬莱、方丈三山，高出水面百余尺，台观殿阁，罗络山上，并有龙麟渠作为联系各景区的纽带。这种"点、线结合布局"的造园手法是一大创举，它成为后世园林中向背、开阖、对比、映衬、争避、穿插、显隐、因借等一系列艺术手法的前提。

唐承隋制，其国力则是隋代所不能比拟的，因此，它的宫苑建设也较隋代有过之而无不及。唐代的三大宫城即大明宫、太极宫、兴庆宫，据历史记载和考古发现，都是宫和苑相结合的建筑群。大明宫内有以太液池为中心的园林区，池中蓬莱山耸立，沿池筑有回廊，串联着楼台亭阁。太极宫内有四大海，颇具园林之盛。至于兴庆宫内以龙池为中心的园林区，更几乎占了全部面积的一半，园内林木蓊郁，楼阁高低，花光人影，景色绮丽，尤以牡丹花之盛而名重京华。龙池北人工土山上有沉香木构筑的"沉香亭"，周围遍植红、紫、淡红、纯白诸色牡丹，为兴庆宫内牡丹观赏区。李白曾为唐明皇和杨贵妃作《清平调》诗："名花倾国两相欢，常得君王带笑看；解释春风无限恨，沉香亭北倚阑干。"唐代另一座著名的宫苑是临潼骊山华清宫，避暑消寒，莫不相宜，因此深得帝王垂爱，白居易有"骊宫高处入青云，仙乐风飘处处闻"的描绘。

唐代的长安还出现了我国历史上第一座公共游览性质的大型园林——曲江池。环池楼台参差，花木葱茏，烟水明媚，每年定期向市民开放，一派歌舞升平的景象。

唐代私家园林较之魏晋南北朝更为兴盛，并从美学原理到艺术手法都达到了成熟的境界。王维的辋川别业和白居易的履道坊宅园是其中的代表作。辋川别业位于蓝田县西南约20公里处，这里山岭环抱、溪谷辐辏，故名"辋川"（辋，车轮的外周。辋川，诸水会合如车辆环凑）。《辋川集》记录了20个景区和景点的景题命名，并有题诗，如《文杏馆》："文杏裁为梁，香茅结为宇；不知栋里云，去作人间雨。"《鹿柴》："空山不见人，但闻人语响；返景入深林，复照青苔上。"《竹里馆》："独坐幽篁里，弹琴复长啸；深林人不知，明月来相照。"等等。履道坊宅园位于洛阳城内洛水流经处。园建成后，白居易专作《池上篇》以述其详，篇首长序述建园过程和园林内容，正篇则述营园主旨："十亩之宅，五亩之园。有水一池，有竹千竿。勿谓土狭，勿谓地偏；足以容膝，足以息肩。有堂有庭，有桥有船，有书有酒，有歌有弦。有叟在中，白须飘然；识分知足，外无求焉。如鸟择木，姑务巢安；如龟居坎，不知海宽。灵鹤怪石，紫菱白莲，皆吾所好，尽在吾前。时引一杯，或吟一篇。妻孥熙熙，鸡犬闲闲。优哉游哉，吾将终老乎其间。"在王维和白居易那里，着意刻画的是园林景物的典型性格以及局部、小品的细致处理。他们将儒家的现实生活情趣、道家的少私寡欲和神清气朗、佛家禅宗依靠自身而寻求解脱等观念合流融合于造园思想之中，使园林成为一个富有诗情画意并能诱发游览者联想的艺术整体。唐代文人士大夫往往直接参与造园活动，他们善于因画成景、以诗入园，从而塑造出文人们格外青睐的意境。所有这些，都为私家园林创作注入了新鲜血液，成为后来文人园林兴盛的启蒙。

唐代寺观园林也在统治者的扶持下遍布城市郊野。寺观园林的意义表现为，在城市，发挥了公共游览场所的职能；在郊野，则成为点缀风景的手段，促进了封建社会旅游事业的发展，同时在一定程度上保护了生态环境，促成了风景名胜区的普遍开发，并使中国古典园林中一支新的类型名胜风景园林逐渐形成。

宋至清初园林的发展

按照建筑园林专家周维权先生的说法，宋元明清诸朝代是中国古典园林发展的成熟时期，其中宋代至清雍正年间是这一成熟阶段的前期。成熟前期意味着风景式园林体系的内容和形式已经完全定型，造园艺术和技术已基本上达到了高水平。当然，在这个漫长的时期内，园林的发展自有其起伏波折，就宏观而论，这期间有两个园林发展高潮，一为两宋，二为明中叶至清初。

宋代朝野，人们陶醉于声色犬马、风花雪月之中，即便是在偏安一隅的南宋，虽然不少仁人志士大有匡复河山的忧患意识和悲壮行动，但更多的人则将江左一隅当作纸醉金迷的温柔之乡。"山外青山楼外楼，西湖歌舞几时休。暖风熏得游人醉，直把杭州作汴州。"在这种侈靡浮华的风气之下，上自帝王、下至庶民，无不大兴土木，广营园林。当然，经济和科学技术的进步，重文轻武的社会制度和风尚，缠绵悱恻、空灵婉约的文化艺术特色也是这一时期园林发达的重要原因。

北宋都城东京（今开封）有艮岳、金明池、琼林苑、玉津园等皇家园林多座，南宋则借杭州西湖山水之胜，占据风景优美之地修筑御苑达十座之多。其中，由宋徽宗赵佶亲自参与兴建的艮岳是皇家园林的代表作，它在造园艺术和技术如叠山、理水、花木、建筑等方面都有许多创新和成就，在中国造园史上具有划时代的意义。艮岳又称万岁山、寿山，从而开了后世将皇家园林中的山称作万岁、万寿的先例。宋代皇家园林的风格特征是较少皇家气派而较多地接近于私家园林，呈现为一种历史上最深刻的"文人化"倾向。

在北方，金朝在中都（即今北京）市内和郊外营建了数量和规模都十分可观的皇家园林。元朝继续经营，特别是对现在的北海及琼华岛进行扩建，又更名为太液池和万岁山，使之成为皇城大内御苑的主体部分，并奠定了明清三海的基础。

明代皇家园林仍以万岁山和太液池为主，并有所发展，即将太液池向南拓展，成为北海、中海、南海三海一贯的水域，又在三海沿岸以及池中岛上增建殿宇，开辟新的景点，总称西苑。它与紫禁城一街相隔，构成宫苑相连的宏大布局，既有仙山琼阁之境界，又富水乡田园之野趣。明代皇家园林的另一代表作是紫禁城内的御花园。这座花园为适应皇宫总体规制,树木、山石、园路等都有一定的规矩。此外,明代还有东苑、兔园等皇家园林。

清初统治者进入北京后,全面接管了明朝的紫禁城和各处皇家园林,并基本保持着原来的面貌。至于新建的离宫御苑主要是畅春园、避暑山庄和圆明园3座,它们也是中国古典园林成熟前期的3座著名的皇家园林,并代表着清初宫廷造园活动的成就和园林艺术水平与特征。这3座园林经过乾隆、嘉庆两朝的增建、扩建,成为皇家园林全盛局面的重要组成部分。

私家园林从宋代开始走向了全面"文人化"的道路,展现诗画的情趣,表达意境的涵蕴等各种造园原则和艺术手法已全面成熟并基本定型。审美观念的发展如"小中见大"、"壶中天地"、"须弥纳芥子"之类成为园林写意的美学依据。总之,这一时期文人化倾向作为一种风格几乎涵盖了所有私家造园活动。当然,由于南宋以后特别是明代中后期工商业的繁荣和市民文化的勃兴,文人园林又出现了多种变体,从而使私家园林呈现出前所未有的百花争艳的局面。至于这时的寺观园林,也由过去的世俗化更进一步文人化。寺观园林遍布海内,其结果是演化宗教意义而增强审美意义。

值得指出的是,明清之际,在经济文化发达、民间造园活动频繁的江南地区涌现了一大批杰出的造园家,有的出身文人阶层,有的出身工匠,他们与广泛参与造园活动的文人们一道,总结造园经验,钻研造园理论,著书立说,开创宗派,从而将中国古典造园艺术水平推向了空前的高峰。

盛极而衰的晚清园林

我国现存的古典园林，基本上是明清两代的遗物，而且主要产生于清代后期，从这个意义上说，将乾隆以后170余年的时间划为中国古典园林的成熟后期是有道理的。正如周维权先生所指出的，尽管这一时期时间短，但却是中国古典园林史上集大成的终结阶段。它显示了中国古典园林的辉煌成就，也暴露了这个园林体系的衰落情况。如果说成熟前期的园林仍然保持着一种向上的、进取的发展倾向的话，那么成熟后期的园林则呈现为逐渐停滞的、盛极而衰的趋势。周维权先生在《中国古典园林史》中对这一时期园林建设的总体特征作了总结。

一、皇家园林经历了大起大落的波折。乾、嘉两朝在建设规模和艺术造诣上都达到了后期历史的高峰境地，大型园林的总体规划、设计有许多创新，并全面引进了江南民间造园技艺，形成南北园林艺术大融合，因此出现了一些具有里程碑性质的优秀大型园林作品。然而，随着封建社会的腐败和衰落，遭外国侵略者焚掠之后，皇室再无先前的气派建苑囿，皇家园林艺术相应地一蹶不振，从高峰跌向低谷。

二、私家园林一直沿袭上代的高峰水平，形成江南、北方、岭南三大地方风格鼎峙的局面，并影响到其他地区而出现各种风格。少数民族中藏族园林风格已初具雏形。这时的文人园林风格虽然更广泛地涵盖着私家造园活动，但其特点已逐渐消融于流俗之中。私家园林作为艺术创作，大多数已不再具有宋明时期那样的活力。

三、宫廷和民间的园居活动频繁，园林已由以赏心悦目、陶冶性情为主的游憩场所转化为多功能的活动中心。同时，由于受到封建末世过分追求形式和技巧纤缛的艺术思潮的影响，园林里面的建筑密度较大，山石用量较多，大量运用建筑来围合、分隔园林空间或者在建筑围合的空间内经营山池花木。这一方面固然充分发挥了建筑的造景作用，促进了叠山技法的多样化和园林空间布置水平，但另一方面则难免削弱了园林的自然气息，助长了形式主义倾向，有悖于风景式园林的主旨。

四、造园理论停滞不前，束缚了园林技术与艺术的科学化发展。许多精湛的造园技艺始终停留在匠师们口授心传的原始水平上，未能得到系统总结、提高，升华为科学理论。文人涉足园林也不像前一时期那样切合实际，难免浮泛空洞，失去了文人造园的进取、积极的富于开创性的精神。

五、随着国际、国内形势的变化，中西园林文化开始有所交流。乾隆时西方造园艺术首次引进中国宫苑。一些华洋杂处的商业都市以及许多侨乡，多模拟和掺杂西洋造园手法来建造私家园林。与此同时，中国园林通过来华商人和传教士的介绍而远播欧洲，成为冲击当时欧洲规整式园林的一股潮流。

崇尚自然的园林体系

中国古典园林独树一帜，在人类文明史上具有不可替代的伟大意义，直到今天仍然影响着人们的审美意识并愈来愈明显地体现出它保护和改善人类生活境域的科学价值。有学者将世界园林风格分为两大体系，一为西方规格图案式园林，一为中国自然山水画意式园林（或称风景式园林），这是很有道理的。也许因为文化观念不同的缘故，西方人往往把园林看作是建筑的附属物，强调轴线、对称、规整，所以发展出具有几何图案美的园林。在计成的《园冶》付梓后四年，即公元1638年，法国学者J.布阿依索也写成了西方最早的园林专著《论造园艺术》，与计成针锋相对的是，他明确指出："如果不加以条理化和安排整齐，那么，人们所能找到的最完美的东西都是有缺陷的。"后来，那位曾主持设计著名的凡尔赛宫苑的法国造园家A.勒诺特尔更横蛮地要"强迫自然接受匀称的法则"。然而中国人不同，他们塑造的是"虽由人作，宛自天开"的自然山水式园林。这种独特的园林体系是中国文化的产物，同时，它也反过来强化了中国文化。

　　崇尚自然之美，是中华民族传统的审美风尚和审美理想，其渊源可以上溯到春秋战国的诸子百家。孔子说："智者乐水，仁者乐山。"孟子说："登泰山而小天下。"庄子说"天地有大美"，又表示要"退居而闲游江海"，等等。如果说，这些思想家或多或少带着某种功利目的来看待自然山水，或比喻道德、或标示人格的话，那么在寻常百姓那里则已萌生出对自然山水的朴素情感了，一部《诗经》便流露了这种情感信息。此后，崇尚自然之美的风气历代不衰，尤其是在风流倜傥的魏晋南北朝，这一风尚逐渐开始从某种社会性的功利走向了较为单纯的审美欣赏。文人们更将这种自然审美意趣纳入诗中、画中，于是，山水诗、山水画成为历代文人经久不厌的宠物，谢灵运、陶渊明、王维、李白、苏轼……他们将中国崇尚自然、欣赏山水的文化传统推到一个又一个高峰。而随着造园活动从皇家深入到民间，这种自然美境界便越来越强烈地成为人们在园林创造中的艺术灵感和源泉。

中国古典园林最典型的代表是文人园林，它们面积虽小，但布局却如吟诗作画，曲折有法，以人工营造出自然界的万种风情，犹如田园山野，隔绝尘嚣，别有天地。这些园林或以水取胜，令人如置身清潭碧流之上；或以山石胜，令人如置身深谷幽壑之间；或以花木胜，令人如置身茂林芳丛之中。"山之光，水之声，月之色，花之香……真足以摄召魂梦，颠倒情思。"清新可爱的自然之美，具有多么巨大的艺术感染力！

园林中的山和水

中国园林有四大构景要素，即山、水、植被和建筑，它们共同组合成为一个完整的综合艺术品，而其中山和水又可看作是园林的基础和命脉，这也正是中国古典园林被誉为"山水园"的关键所在。

园林中的山有真有假，许多自然风景园林、寺观园林和大型皇家园林都是依自然山水形势而构建的，因此其中的山多是真山，即自然山体。但更多的园林特别是私家园林，则以人造山为主，即便是在真山园林中，也多有人造山的点缀，从而使园林具有本于自然而又高于自然的文化意趣。所以人造假山成为中国造园的传统并成为表现中国古典园林特色的重要基础。

园林内使用天然土石堆筑假山的技艺叫做"叠山"，它是中国古典园林最典型、最独特的造景手法。叠山大致可分为土山、石山及土石混合山三类。其中土山的历史最早，秦汉园林中就已有挖湖堆山的巧妙造园手法了。这种方式取材、施工都比较方便，但要成高岗峻岭，则要在园内占很大的地盘，一般面积有限的园林很难做到，于是在土山的基础上出现了叠石假山。叠石假山既有层峦叠嶂的巨作，也有精巧玲珑的小品，它们的目的都是以典型化、抽象化的概括和提炼，在很小的地段上展现咫尺山林的风光，幻化千岩万壑的气势，从而增添园林的自然美。可以说，园林之所以能够体现出高于自然的特点，主要得于叠山这种高级的艺术创作。园林叠山依用材主要可分为两大类，即黄石山和湖石山。黄石山的石材一般呈黄、褐、紫等颜色，体态方正，解理棱角明显，无孔洞，所叠之山给人以刚劲有力、气度恢弘的感受，有如巍峨的崇山峻岭，令人神思邈远。湖石又称太湖石，以盛产于太湖沿岸而得名，但实际当然不仅于此，如安徽巢湖石、广东英石、北京房山石等都属此类。湖石体态玲珑通透，表面多弹子窝屑，形状婀娜多姿、柔曲圆润，所叠之山纤巧、怪诞，并可构造出自然山峦的峰岩洞壑之形，令人犹入自然胜境，美不胜收。园林中应用最广泛的是土石混合山，它可以得土山、石山之利而避免二者之弊。

园林假山的创作思想，总的说来是师法自然，即模拟自然山水，讲究"做假为真，以假乱真"，从而得"自然之理，自然之趣"。无论模拟真山的全貌还是截取真山的一角，都能够以小见大，创造峰、峦、岭、岫、洞、谷、悬崖、峭壁等的形象。假山要力求不露人工痕迹，"无补缀穿凿之痕，遥望与真山无异"。

假山叠石在技巧手法上，主要分流云式和堆秀式。流云式是用挑、飘、挎、斗等方法，模仿天空间的流云飘荡，给人以舒展飞逸之感。堆秀式则不追求透漏，不留太多的空洞，而模拟自然山脉的悬崖峭壁，显得庄重峻伟。

按照在园林中的位置和用途，假山可分为园山、厅山、楼山、阁山、书房山、池山、室内山、壁山和兽山等类型。其组合形态为山体和水体。山体包括峰、峦、岭、谷、岩、洞以及磴道、栈道等，水体包括泉、瀑、溪、涧、池以及矶、汀石等。山水有机结合，才能相得益彰，因此，园林中的水也至关重要。

中国园林一般都有水面，它们的作用除了成景以供观赏外，还能在一定范围内调节园林的湿度与气温，又可蓄排降水，或为生活、消防提供水源。此外，于面积较大的水域中栽种莲藕、芦苇或养殖鱼蚌，既能给人以美的享受，又能收到一定的经济效益。园林之所以能有茂盛茁壮的花木，之所以有翻飞啼啭的飞禽，之所以呈现出一片生机勃勃的景象，其重要原因之一就是有了水。人们称水为园林的命脉和血液，看来并不过分。

园林中的水景处理叫做"理水"。它与叠山同样重要，为中国造园的传统艺术手法。

园林理水有池沼、河流、渊潭、溪涧、泉瀑、流杯渠等多种形式，其中最常见的是池沼。池沼是成片汇聚的水面，其布置原则大体可分为集中与分散两类。刘敦桢先生曾主张："池水以聚为主，以分为辅，小园聚胜于分，大园虽可分，但须宾主分明。"与假山不同，池的形状不是由水形成的，而是堆叠土岸和石岸勾画、约束出来的。池沼平面，最忌规整的几何图形，池岸也应曲折有起伏，并尽可能少用整齐平直的驳岸。由岸上可建踏跺下至水滨，临水还可置石矶，使岸水之间更加接近而自然。岸周常设凹入的水湾或港，以产生源头不尽之感。岸身不宜距水面太高，否则临池如井，但也不可离水太近，要考虑降雨积水时的最高位置。水中可植荷花、睡莲、荇、藻等观赏植物或放养观赏鱼类，以再现林野荷塘、鱼池的景色。池上桥、池中岛、池畔厅榭亭阁等建筑与杨柳花木等植物，更使园水妙趣横生，令人流连忘返。其他如平静似带的河流、潺潺有声的溪涧、深邃空灵的渊潭、雄伟壮观的瀑布、精巧可品的泉水以及写意寄情、以虚代实的"流杯渠"（许多是亭内凿石槽而成，如紫禁城内乾隆花园的禊赏亭）等，也都是园林理水的重要形式。

与假山一样，园林理水的艺术创作源泉是自然界的江湖、溪涧、瀑布等，其成果是对自然山水特征的概括、提炼和再现。园林理水不在于完全模拟自然，而在于风景特征的艺术真实，在于水体的源流、水情的动静、水面的聚分等的符合自然规律，在于岸线、岛屿、矶滩等细节的处理和背景环境的衬托。园林理水的宗旨是"以小见大"、"以少胜多"，在有限的空间内浓缩天然水景，"一勺则江湖万里"。

宋代大画家郭熙说："山以水为血脉，以草木为毛发，以烟为神采。故山得水而活，得草木而华，得烟云而秀媚。水以山为面，以亭榭为眉目，以渔钓为精神，故水得山而媚，得亭榭而明快，得渔钓而旷落。此山水之布置也。"这虽讲的是绘画创作手法，但也形象说明了山水相互依存、相得益彰的道理。山是园林的骨架，水是园林的命脉，二者的对比和融合，给中国古典园林带来了无限的魅力。

四季常新的园林植物

就像人需要时装衣饰一样，山水美不能没有树木花草相映衬。著名园林建筑学家童寯先生在《江南园林志》中说，造园"最简单的需要，实全含于'园'字之内"。他解释"园"字说，"囗"者围墙也；"土"者形似屋宇平面，可代表亭榭；"口"字居中为池；"衣"在前似石似树。这种说法也许不为文字学家所认同，但却指出了园林构景要素的内容。事实上，园林的"林"字就是指树木花草。可以说，没有植物的园林只能是一座死园，或者就根本不称其为园。园林中的植物具有观赏、组景、分隔空间、装饰、庇阴、防护和覆盖地面等多种用途，它们经过造园艺术家的巧妙配置，令人感到四季常新。

中国植物资源十分丰富，因此古典园林选用的植物，大多出自我国本土，其中有以花卉的色香取胜的，如桃、李、樱、菊、牡丹、芍药、山茶、丁香、紫薇、银薇、海棠、月季、腊梅、木樨、兰花、石榴等；有以枝干叶根供欣赏的，如松、柏、杉、竹、樟、枫、黄杨、冬青、银薇、紫薇、芭蕉等；有以果实为重点的，如橘、柚、杏、桃、梅、李、枇杷、樱桃、石榴、核桃、银杏、无花果等。

中国古人对植物花木的感情极其深挚和独特，他们认为宇宙间无非有3种活的生物，即人、禽兽和花木，而三者之间并无等级上的差别，都是天地的产物。古人甚至认为花木也和人一样有智有能，因此，他们往往将花木人格化，给花木命名也充满着人间烟火气：君子兰、含羞草、仙人掌、罗汉松、美人蕉、湘妃竹……还有人所共知的"岁寒三友"（松、竹、梅），"花中四君子"（梅、兰、竹、菊），"花中十二师"（牡丹、兰、梅、菊、桂、莲、芍药、海棠、水仙、腊梅、杜鹃、玉兰），"花中十二友"（珠兰、茉莉、瑞香、紫薇、山茶、碧桃、玫瑰、丁香、桃、杏、石榴、月季），"花中十二婢"（凤仙、蔷薇、梨、李、木香、芙蓉、兰菊、栀子、绣球、罂粟、秋海棠、夜来香），"花王花相"（牡丹、芍药），等等。与此同时，一些植物花木也被打上了迷信的烙印，如紫薇象征高官，榉树象征中举，石榴多子，松柏长寿，玉兰、海棠、牡丹、桂花合种，谐音"玉堂富贵"……

园林中的植物花木配置,除寄托造园艺术家和园主的意趣之外,还有许多技术和艺术上的讲究。要显示树木的个体美,并以其作为园林空间(或部分空间)的主景,那么就应采取"孤植"的方式;相反,则须"群植",以表现群体美,具有"成林"之趣;而园门、建筑物入口等处,又要采取"对植"方式;路旁、广场四周采取"列植"(又称"带植")方式;作为小景观或景观背景时,采取"丛植"方式……在艺术手法上,更要注意对比和衬托、动势和均衡、起伏和韵律、层次和背景、色彩和季相等关系,以表现园林空间景观的特色和风格。例如高大乔木在后,低矮灌木与草本植物在前,便既能形成多重层次,又可同时欣赏远处高大的树冠树干以及近旁的密叶繁花。又如柳树耐湿,可种于水边;松、柏、山茶不畏寒,可植于荫蔽之处;草带宜于石间路侧;屋侧种芭蕉,夏雨之际,其声淅沥;浓艳花卉,宜置于白墙之前,其浅淡者,背景须暗。再如园中所植花木,春有桃、李、海棠、牡丹,夏有荷花、银薇、月季、芭蕉,秋有菊、桂、枫、枇杷,冬有松、柏、女贞、腊梅,则四季如画,令人赏心悦目。

总之,花的色彩、林木的形姿及其造成的各种环境气氛,能给人以清香、爽快的审美享受,能引起人美好的联想,它们使中国古典园林更富生机和神采。

园林中的建筑

中国古典园林既追求自然天趣之美,又强调人的主观意识的熔铸;既重视山水花木等自然之物的造景功能,又讲究人为艺手段的作用。它是将自然美与人工美结合起来、将艺术境界与现实生活融为一体、既"可望可行"又"可游可居"的实在的物质空间。要达到这一步，除了山水植物之外，还须得力于建筑。在造园四大要素中，唯有建筑是完全由人工创造的，它们在园林中常常能集中体现人的主观意趣。有人把建筑看作是园林的"眼睛"，意思是像人那样，有了眼睛才有神采。

园林中的建筑类型十分丰富，常见的有厅、楼、亭、榭、舫、廊、桥等。

厅一般是园内的主要建筑，常作为正式会客和宴饮的场所。北方园林多在厅的正背面开门窗，三面砌墙封闭；南方尤其是苏州一带的园林则常常将厅的内部用楠扇或罩划分为南北两部分，俗称"鸳鸯厅"。还有一种厅堂四面都设门窗，以观赏周围景物，称为"四面厅"。

楼阁常作为园中的制高点，近可浏览园内风光，远则可远眺园外景色。通常情况下，重屋为楼，四敞为阁，平面多为方形或八角。中国古典园林的传统技法，通常是将楼阁置于"层阴郁林之中，碍云霞而出没"，既供游人攀高俯景，又使自然景色更富诗情画意。

亭是园林中几乎不可缺少的建筑形式，它的主要作用是供人休憩观景，古人说"亭"的意思就是"停"。亭也常用作廊、门的入口标志，这时多以半亭形制。亭的形状变化多端，其平面有方、长方、圆、三角、五角、六角、八角、多瓣形、扇形、卐字形以及各种复杂的组合形体，立面则以单檐攒尖为主，配以别的形式。园林中的亭历来选址精心，营造奇巧，十分讲究与自然的结合。如苍松蟠郁、构景山巅的山亭，板桥周折、安居水际的水亭，轻骑隔水、假濮河上的桥亭，通幽竹里、镜作前庭的岸亭等，它们都随势立基，按景造式，促成园林空间美妙的景组和丰富的轮廓线。

榭实际上是一种建于水边的建筑物。在水中立柱支撑架空于水面之上的凌水亭，一般为三间单檐，四面敞开，平面形式比较自由，外观比较轻灵。榭的主要作用是凭栏观水景。

舫是仿照船的造型建在园林水面上的建筑物，也主要作为观赏水景之用。舫的前半部多三面临水，常设有平桥与岸相连，类似跳板。舫像船而不能动，故又名"不系舟"。还有一种建在岸上面靠近水边的仿船建筑物，称为船厅或旱船。

廊是由古代房屋的檐下部分庑发展而成的，既可作为园内的观赏路线，供人们漫步赏景、坐歇观览，得视域宽广而不遭雨淋日晒，其本身又作为园林景观而存在。中国古典园林中著名的廊不胜枚举，仪态万千，形式多样，有游廊、回廊、直廊、曲廊、花廊、水廊、爬山廊等种种名色。廊将分散在园内的各个景点连成一气，实际上是一条带屋顶的路。它们穿花过阁，绕水环山，有的贴墙，有的临水，曲直依地形弯转，高低随山势升降，平面布置灵活别致，给园林空间注入了无限的活力。

水是中国古典园林的命脉，而因水设桥，便成为园林中不可缺少的景观。即使有些时候没有水，也往往以虚代实，建设旱桥，从而巧妙地将水景点出。园林中的桥造型优美奇特，别富情致，如可直可曲、简朴雅致的平桥，曲线圆润、富有动态感的拱桥，遮阳避雨、变化多端的亭桥和廊桥以及散置水中、野趣盎然的汀步（又称步石、飞石），等等。水上小桥连同它们绰约的倒影，构成了一幅诗情浓郁的画面。

此外，园林中还有许多建筑小品也极富情趣和魅力，如漏窗、云墙、铺地、石凳石桌、栏杆、花架之类，它们就像文坛上的小品文和音乐中的小舞曲，令人陶醉。

就园林的总体而言，专家们指出，园林建筑的作用在于点染、补充和修饰自然山水风景，使其凝练生动而臻于画境。

奇妙的借景

计成在《园冶》中提出了"借景"的问题。他说："夫借景，林园之最要者也。如远借，邻借，仰借，俯借，应时而借。"又说"构园无格，借景有因"，"因借无由，触情俱是"，"巧于因借，精在体宜"，等等。那么，究竟什么叫借景？陈从周先生说："'景'既云'借'，当然其物不在我而在他，即化他人之物为我物，巧妙地吸收到自己的园中，增加了园林的景色。"借景就是园林中的"拿来主义"，它有意识地将园外的景物（有时不局限园外）"借"到园内视景范围中来，但这种"借"或"拿"，并非轻而易举，它是颇有讲究的，奇妙无比。

园林的面积不拘大小，但毕竟是有限的空间，而要突破其自身的空间局限，获得无限的意境，最好的办法就是借景。当年陶渊明"采菊东篱下，悠然见南山"，有意无意中借得南山之景，极尽自然与潇洒的情致；滕王阁借赣江之景，"落霞与孤鹜齐飞，秋水共长天一色"；岳阳楼近借洞庭烟波，远借君山苍翠，构成一幅气象万千的山水画卷；扬州平山堂以江南诸山借来堂下，得到"江流天地外，山色有无中"的非凡效果……陈从周先生说，像这种借景的方法，要数佛寺地点的处理最为到家。寺址十之八九处于山麓，前绕清溪，环顾四望，群山若拱，位置不但幽静，风力亦是最小，且藏而不露。至于山岚翠色，移置窗前,特其余事了,诚为习佛最好的地方。正是"我见青山多妩媚,料青山见我亦如是"。

借景不受空间限制,其方法有远借、近借、仰借、俯借、应时而借等。远借是将园外远处景物借入园内视景范围,如前举诸例。近借顾名思义,与远借只是距离不同而已。天上白云,山上宝塔,空中飞鸟,悬崖飞瀑等是仰借,而池边观鱼,登山鸟瞰,高台远眺等则是俯借。应时而借主要是借一年中的某一季节或一天中某一时刻的景物,如天文景观、气象景观、植物季相变化景观和即时的动态景观等,花样繁多,日、月、云、雾、风声、雨声、白雪、树影等都可应时借而为景。

借景依内容区分,可分为借形、借声、借色、借香,也有的称为视觉借景、听觉借景、嗅觉借景和触觉借景。借形是园林借景中使用最多、最普遍的一种。它包括借山、水、动物、建筑等景物,如远岫屏列、平湖翻银、水村山郭、晴岚塔影、楼出霄汉、竹树参差、雁阵鹭行等;借人为景物,如寻芳水滨、踏青原上、吟诗松荫、弹琴竹里、远浦归帆等;借天文气象为景物,如日出日落、朝晖晚霞、蓝天明月、云雾彩虹、白雪细雨等。借声是借自然界所发而能激起人的感情、怡情养性的声音,如暮鼓晨钟、梵音诵唱、溪涧泉声、雨打芭蕉、林中鸟鸣、柳岸莺啼、鸡犬桑麻等,它们都能为园林空间增添几分诗情画意。借色即借景物的色彩,如湖光月色、丹枫繁花、落霞满天等。所借景物之形有色,即可谓既借形又借色。借香主要是借园内外花草树木所散发的芬芳香味为景,令人胸怀畅朗,如古诗所谓"水晶帘动微风起,满架蔷薇一院香","疏影横斜水清浅,暗香浮动月黄昏","冉冉天香,悠悠桂子"……这些香的境界,也是造园组景中一项不可忽视的因素。

借景是中国古典园林极其重要的造景手法。今日可见的古园林如无锡寄畅园借景于惠山，北京颐和园借景于西山，等等，都是借景的绝妙佳作。

对景、隔景、框景及其他

借景延伸开来，便有了对景、隔景、框景等，它们同样奇妙无比。

乾隆皇帝曾在解释圆明园"互妙楼"得名原因时说："山之妙在拥楼，而楼之妙在纳山，映带乞求，此互妙之所以得名也。"在这里，楼与山便组成了一幅绝妙的对景。陈从周先生说，对景与借景是一回事，借景就是园外的对景。其实，我们大可不必分什么园内园外。对景是就观赏点来说的，一个观赏点要另一个景物与它对应，使之互相有景可观，比如一座楼台，前面凿池，隔水堆山，山上建亭植树，人在楼台上可以观赏山水树石，即山水树石为楼台的对景，反过来，人在山水间又可欣赏楼台建筑，楼台又成了山水的对景。因此，中国古典园林往往注意景物之间的互相联系，从而在艺术上取得一种一石数鸟、事半功倍的效果。不管人在园中的什么位置，对面都要有景可观，讲究的园林布局，哪怕是游廊的每一个转折，迎面都要有赏心悦目的景物。如果对景是从室内、廊内通过门窗看过去的，那么就成了框景。

诗圣杜甫有诗："两个黄鹂鸣翠柳，一行白鹭上青天。窗含西岭千秋雪，门泊东吴万里船。"这里"窗含"、"门泊"便是两幅画一般的框景。所谓框景，是将一个局部景观比作一幅具有画框的风景画，因此得名。充当这个景框的可以是门、窗、弧曲的枝条或两丛树木等。清代戏剧家和造园家李渔流寓金陵时，曾在居室厅堂中央开了一个窗，并在窗框上下左右裁纸装裱成画幅的头尾和镶边，于是"俨然堂画一幅……坐而视之，则窗非窗也，画也；山非屋后之山，即画上之山也"，他把这种窗称为尺幅窗或无心画。这就是框景的造景手法，它在中国古典园林中比比皆是。框景可分为入口框景、端头框景、流动框景、镜游框景、模糊框景等。其中最常见的是镜游框景，即以各式窗户框起的景色，而最富魅力的也许是模糊框景，模糊框景又称漏窗，是指窗内装有各式的窗格或砖瓦拼成的各式图案，因而使窗外的风景依稀可见但又不甚清晰，具有一种"似实而虚，似虚又实"的模糊美。同时，漏窗本身也有一定的欣赏价值。

隔景是园林中一种分隔景区以加深景观深度的手段。作为隔景的材料很多，如院墙、植物、假山、土堤、水体、牌坊、门、窗和其他小品建筑等。隔的程度也各有不同，有的完全隔断，有的半遮半显，有的只作象征性分隔。作为一种艺术手法，隔景讲究的是"隔而不断"，"景有尽而意不尽"。隔不是绝对的，主要是从造景需要出发，"宜掩者掩之，宜屏者屏之，宜敞者敞之，宜隔者隔之，宜分者分之"，从而增加园林景色的曲折变化和空间魅力。

如果隔景手法应用于园林入口处或园中某一景区的入口处，那么就可以称为障景或抑景。《红楼梦》中大观园一进门，迎面一带翠嶂挡在眼前，贾政说："非此一山，一进来园中所有之景悉入目中，则有何趣。"这就是将全园风景作适当遮掩，免于一览无遗的抑障手法。西方园林尚一览无遗，东方园林喜曲幻含蓄，两者情趣各异，障景恰好充当了这个序幕。古人所谓"善露者未始不藏"、"山重水复疑无路,柳暗花明又一村"、"犹抱琵琶半遮面"等深含哲理诗情,皆可作为障景的形象注脚。

除此之外,中国古典园林中还有许多富有诗情画意的造景艺术手法。如聚景,即选择恰当的观景点,使人居此则可以聚园林内外、远近、高下等不同层次、不同风格的众多景观于一目。被北宋大书画家米芾称之为"天下江山第一楼"的镇江北固山多景楼,即此范例。又如点景,即通过突出或强调一个景物而使它周围的景物显示出来。颐和园佛香阁点出了万寿山,西湖保俶塔点出了北山……风花雪月,随处可见,唯有造园高手,方能招之即来,听我驱使,成为点景,而此一"点",又恰如王国维所说:"境界全出。"

园林艺术美

作为一门艺术,中国古典园林具有不同于其他艺术门类的独特的美学宗旨和审美价值。

首先,园林是一种由建筑、园艺、山水、文学、书画等各门艺术相互渗透的综合性艺术,因此,园林艺术美具有综合性。上述各艺术门类都是独立的艺术分支,都有自己创作和欣赏上的特点,但它们一旦组合而形成统一的园林艺术,则又形成了一种新的特色,这种新的特色不是原有各门艺术特色的总和,而是一种新的融合。例如中国古建筑独特的造型和群体组合方式,被认为是东方建筑艺术的主要特点,但在园林这一特定环境中,却不能按一般古建筑形制生搬硬套,而是选择其适合园林欣赏和使用的艺术手法进行园林建筑的再创造,从而形成园林建筑的新的艺术手法。如建筑布局的灵活多变而非整齐对称；围护墙的空透而非"实在"；建筑造型的轻巧夸张而非凝重规整；色彩装饰的淡雅宜人而非繁琐浓丽，等等。因此，正如刘天华先生所说，园林中的建筑艺术具有双重特征，一方面它是整个建筑艺术的一个分支，继承了诸如木构架的承重系统、微微反转的呈凹曲线的屋顶造型；另一方面，为了与园林供欣赏的风景空间相协调，它又有着一些特殊的艺术规律和处理手法。同样，园林的花木栽培艺术也与大面积的园圃不同，它不求品种的齐全和科学价值，而更重姿色，考虑观赏上的形式美。书画处理亦然。由于建筑开敞，易受阳光雨水侵蚀，园林中很少悬挂装裱精细的书画作品，而多采用竹木、石材雕刻等朴雅耐久的形式。这些都体现了园林艺术不同于它所包含的原有各门类艺术的特色，园林艺术实在是一种新的综合性艺术。因此，从欣赏角度来讲，园林艺术也具有一种综合美。

园林艺术的综合美还体现在它是静态美和动态美的交织和统一上。陈从周先生说，"园有静观、动观之分"，"何谓静观，就是园中使游者多驻足的观赏点；动观就是要有较长的游览线"。但园林中又常常是动中有静、静中有动。山静泉流，水静鱼游，花静蝶飞，石静影移，都是静态形象中的运动。漫步曲径，泛舟池上，是以动观静；而坐石临流，倚栏看云，则是以静观动。"方动即静，方静旋动，静即含动，动不舍静"，园林中如此多样而变化的动静结合，赋予了风景形象一种"媚"的活力，这也正是任何艺术门类都无法体现的综合艺术美。

其次，园林艺术具有独特的空间美。清朝郑板桥曾这样描写一个院落："十笏茅斋，一方天井，修竹数竿，石笋数尺，其地无多，其费亦无多也。而风中雨中有声，日中月中有影，诗中酒中有情,闲中闷中有伴,非唯我爱竹石,即竹石亦爱我也。彼千金万金造园亭,或游宦四方,终其身不能归享。而吾辈欲游名山大川,又一时不得即往,何如一室小景,有情有味,历久弥新乎!对此画,构此境,何难敛之则退藏于密,亦复放之可弥六合也。"一方小天井,竟给了郑板桥如此丰富的感受。在这里,空间随着心中意境可敛可放,是流动变化的,是虚灵的。这就是园林艺术的空间美。

宋人郭熙在论山水画时说,"山水有可行者,有可望者,有可游者,有可居者"。可行、可望、可游、可居,正是园林艺术的基本思想。这里,"望"最重要,一切美术都是"望",都是欣赏。而对园林来讲,正如美学老人宗白华先生所言:"不但走廊、窗子,而且一切楼、台、亭、阁,都是为了'望',都是为了得到和丰富对于空间的美的感受。"我们前文所述的园林艺术的造景手法如借景、对景、框景、隔景等,无一不是为了布置空间、组织空间、创造空间,以达到丰富空间的美感。

再次,中国园林艺术与其他艺术门类一样,具有一种"形有尽而意无穷"的含蓄美。陈从周先生说:"中国园林妙在含蓄,一山一石耐人寻味。"又说:"园之佳者如诗之绝句,词之小令,皆以少胜多,有不尽之意,寥寥几句,弦外之音犹绕梁间。"弦外之音、言外之意、象外之趣等,都将美感归之于想象,而不是干巴巴、直通通地表达出来,这便是艺术的含蓄美,当然也是园林艺术的含蓄美。

中国园林艺术十分重视"写意"手法。所谓"写意"便是创造含蓄美的一种有效方式,它是指不过分追求和拘泥于对实物形象的摹写,而是赋予有限形象更深广寓意的艺术宗旨。一拳小石,便有山壑气象;一勺清水,便有江海气象;一草一木,便有森林气象；一座建筑小品，便赋予园主的人格理想……古典园林中众多的诸如"云冈"、"小蓬莱"、"韵琴峡"、"课农轩"、"稻香村"、"濠濮间"等景观，无不寓有深意。当年苏子美建园名之"沧浪亭"，取《孟子》"沧浪之水清兮，可以濯吾缨"之意以明志；拙政园"待霜亭"使人联想到晚唐韦应物名句"洞庭须待满林霜"，令人形羁一亭之中而得置身洞庭水际之感。

艺术最忌直露，构园亦是同理。一些构思精妙的佳景，常常隐藏起来，使游人在"山重水复疑无路"的情况下，一转身、一抬头，出乎意料地发现"柳暗花明"的景色；或者从漏窗花墙中露出几分消息而引起游赏者"满园春色"的联想。在园林的审美欣赏中，讲究的是"隐秀"、"曲致"，所谓"景愈藏，境愈大而意愈深"，隐是为了更好地显，虚是为了更好地衬托实，有隐有虚方能使人瞩之不见、观之不畅而思之有味。古人曾对宅园提出过这样的设想："门内有径，径欲曲；轻转有屏，屏欲小；屏进有阶，阶欲平；阶畔有花，花欲鲜；花外有墙，墙欲低；墙内有松，松欲古；松底有石，石欲怪；石后有亭，亭欲朴；亭后有竹，竹欲疏；竹尽有室，室欲幽。"瞧，这是怎样的一幅含蓄别致的画面！

总之，中国的文学、艺术乃至传统习俗无不以含蓄为美，它可以说是中国民族文化的一大特色。而作为综合性艺术的古典园林，则是体现含蓄美的典范。

中国园林个案赏析

皇家园林巡礼

　　风景秀丽的北京西北郊在明清时期曾是园林荟萃的地方，其中以玉泉山静明园、香山静宜园、万寿山清漪园（颐和园）和畅春园、圆明园为代表的"三山五园"，是皇家大型园林的杰作。这中间又数圆明园规模最大，历史最久，景色最为宜人。前人有诗云："君不见阿房、建章皆尘土，邺殿、隋宫不足数，后来夸胜称圆明，神功壮丽空前古。"一般所说的圆明园，还包括它的两个附园长春园和绮春园（万春园），因此又称"圆明三园"。

　　圆明园旧址曾是一座明代私园，清康熙四十八年（公元1709年），皇帝将其赏赐给皇四子胤禛（即后来的雍正皇帝）作为藩邸私园，并御笔亲题了"圆明园"匾额。雍正继位后，在此扩建离宫别苑，以水域为特色，形成了28景。乾隆时再度扩建，先后增加了20景；继又将其东侧和东南侧的长春园和绮春园并入，构成三位一体的园群，共有景观一百余处，统称为圆明园。这座规模宏大的皇家园林，占地5200余亩，建筑面积达16万平方米，相当于紫禁城的建筑面积。然而在咸丰十年（公元1860年），英法联军侵入北京，将圆明园内所藏珍宝、文物劫掠一空，继而野蛮地放火焚毁了这座旷世名园。现在留存的圆明园，是一片永远无声控诉着侵略者罪恶行径的断垣残壁、衰草荒烟。

　　作为一座大型的人工山水园，圆明园可谓集中国古典园林叠山理水等造园手法之大成。圆明园山水全都由人工起造，并以

圆明园大水法的断垣残壁

水景为主。大型水面如福海宽 600 多米,相当于两个北海大小,位于三园中心,一碧万顷;中型水面如后湖宽 200 米左右,隔岸观景犹历历在目;小型水面更在园内比比皆是,一塘清意,小巧玲珑。而回环萦流的河道小溪又将这些大小水面串联为一个完整的河湖水系,构成全园的脉络和纽带,并供荡舟和交通之用。水体占圆明园全部面积的一半以上,"直把江湖与沧海,并教缩入一壶中"。叠石而成的假山,聚土而成的岗阜,以及岛、屿、洲、堤分布于园内,约占全园面积的 1/3,它们与水系相结合,构成了山重水复、层叠多变的各种园林空间。这些人工创造的山水景观,既是天然景色的缩影,又是烟水迷离的江南水乡风物的再现。后湖北岸有"上下天光"一景,题名出典于范仲淹著名的《岳阳楼记》:"上下天光,一碧万顷,沙鸥翔集,锦鳞游泳。"而此景的主要建筑上下天光楼,则是一座华美的临水楼阁,其意在模拟洞庭湖边之岳阳楼。"西峰秀色"一景以"小匡庐"著称。这里巨石堆积成山,山间瀑布奔流而下,飞珠散露,气势磅礴;这里的仙人洞,竟能容纳200人,由此可以想见这座人造"庐山"的雄伟和壮观了。此外,"坦坦荡荡"景观是以杭州"玉泉鱼跃"的放生池为蓝本加以创作的;"坐石临流"景观仿自绍兴兰亭的曲水流觞;而杭州西湖十景,这里都有,甚至连景名也一概照搬。正是"谁道江南风景佳,移天缩地在君怀"。

圆明园内的景观,除模拟自然山水和江南风景以外,还有取自古人诗画意境的,如"武陵春色"取材于陶渊明的《桃花源记》;有直接移植江南名园的,如"狮子林"、"安澜园"等;有表现神仙境界的,如"蓬岛瑶台"寓意神话中的东海三神山;有象征帝王统治的,如九岛环列的后湖代表禹贡九州岛,体现"普天之下,莫非王土"的观念;有利用异树、名花、奇石作为造景主题的,如"镂月开云"的牡丹、"天然图画"的修竹等。这些主题突出、景观多样的景区,使圆明园赢得了"万园之园"的称誉。

1744年清宫廷画师沈源、唐岱绘制绢本彩色《圆明园四十景图》,原图仅一套,今藏于法国巴黎国家图书馆。下面三图为后人据文献资料描摹复原之作,但也反映了壮丽的园林景观。

圆明园的建筑庞大而丰富,但并无杂乱之弊。其单体建筑造型往往变幻莫测,配置在那些山水地貌和树木花卉之中,显得恰到好处。除少数殿堂、庙宇之外，一般建筑物外观朴素雅致，少施彩绘，与园林的自然风貌十分协调。此外，圆明园内还有一些外国形式的建筑。供奉佛像的舍卫城，是仿效古印度桥萨罗国的国都兴建的。乾隆年间由西人郎世宁和蒋友仁主持建造的长春园西洋楼建筑群，更是圆明园的一大特色。它是清初中西文化交流的产物，为中国古典园林增添了新的色彩。

乾隆皇帝曾得意地称他的圆明园是"天宝地灵之区，帝王游豫之地"。圆明园不仅是当时中国最出色的皇家园林，而且还因传教士的宣扬而蜚声欧洲，对西方园林发展产生了深远影响。法国大文豪维克多·雨果曾这样说道："一个近乎超人的民族所能幻想到的一切都荟集于圆明园。圆明园是规模巨大的幻想的原型，如果幻想也可能有原型的话。只要想象出一种无法描绘的建筑物，一种如同月宫似的仙境，那就是圆明园。假如有一座集人类想象之大成的灿烂宝窟，以宫殿庙宇的形象出现，那就是圆明园。"

当著名的"三山五园"被英法侵略军劫掠焚毁以后，清朝统治者惶惶不可终日，他们无时无刻不在梦想着恢复往日皇家园林的气派和威风，然而，风雨飘摇的清王朝国力再也不能与过去相比了。最后，凶狠残暴的慈禧太后竟挪用海军造舰经费，重修了其中的清漪园，并改名颐和园。它成为中国最后一座皇家园林。

颐和园是以昆明湖、万寿山为基址，以杭州西湖风景为蓝本，汲取江南园林的某些设计手法和意境而建成的一座大型天然山水园，于光绪二十一年（公元1895年）在其前身清漪园的基础上建成。5年后又遭八国联军野蛮破坏，翌年修复。全园占地约290公顷，分宫廷区和苑林区两大部分。

颐和园是当时"垂帘听政"的慈禧太后长期居住的离宫，因而兼具宫和苑的双重功能。慈禧常常在这里接见臣僚，处理朝政，为此在园的前部专门建置了一个宫廷区。它是由殿堂、朝房、值房等组成多进院落的建筑群。这片面积不大的宫廷区相对独立于面积广大的苑林区，二者既分隔又有联系。

苑林区以万寿山和昆明湖为主体。昆明湖水面达200余公顷，约占全园总面积的70%，是清代皇家诸园中最大的湖泊，湖面被西堤及支堤划分为3个大小不等的水域，每一水域各有一湖心岛，象征着中国古老传说中的东海三神山。湖中水景模仿江南名湖，颇为神似，如西堤及"西堤六桥"源自杭州西湖的苏堤和"苏堤六桥"；西堤景明楼以东，"烟景学潇湘"，具有洞庭湖岳阳楼"春和景明"的意境。西堤一带碧波垂柳，自然景色开阔，远处玉泉山和西山重峦叠嶂，绵延起伏，玉泉山顶的玉峰塔倒映入湖，园中景物与园外景物浑然一体，成为园林借景的杰出范例。湖岸和湖堤绿树荫浓，掩映潋滟水光，呈现出一派江南情调的近湖远山的自然美。

万寿山雄踞昆明湖以北，尽管面积不大，却集中了园内绝大多数建筑物，是一个庞大的风景点集聚区。山南坡（即前山）濒昆明湖，湖山连属，构成一个极其开阔的自然环境。山上以排云殿、佛香阁为主景的一组建筑群，是全园最引人注目的部分。从湖岸的"云辉玉宇"牌楼起，直达山顶的"智慧海"，一重重华丽的殿堂台阁密密层层地将山坡覆盖住。高达40米的佛香阁雄踞于石砌高台之上，显得器宇轩昂，凌驾群伦。与前山建筑群相呼应的是横山麓、沿湖北岸东西逶迤的长廊，这是中国古典园林中最长的游廊，共273间，728米。

万寿山前山建筑群

万寿山北坡（即后山）山麓是一条人工开凿的河道，称为后湖。造园家巧妙地利用河道北岸紧逼宫墙的局促环境，在此堆筑假山障隔宫墙，并与河道南岸真山脉络相呼应，大有"两岸夹青山，一江流碧玉"的意趣。河道水面时宽时窄，时敛时放，泛舟水上或沿岸步行，得山复水转、柳暗花明之趣，成为颐和园一处出色的幽静水景。这里曾经有水居村、自在庄和苏州水街。

在万寿山东麓靠近宫廷区，有一座相对独立的"园中之园"，名叫"谐趣园"，是模仿无锡寄畅园而建，初名"惠山园"，后取"以物外之静趣，谐寸田之中和"及弘历诗"一亭一径，足谐奇趣"之意，改今名。此园以水面为中心，以水景为主体，环池布置清朴雅洁的厅、堂、楼、榭、亭、轩等建筑，曲廊连接，间植垂柳修竹。池北岸叠石为假山，从后湖引来活水经玉琴峡沿山石叠落而下注入池中。流水叮咚，以声入景，更增加了这座小园的诗情画意。有学者认为，谐趣园是以北方雄健之笔抒写江南柔媚之情的一种因地制宜的艺术再创造。

颐和园是中国保存最为完整的一座皇家园林，也是中国古典造园艺术集大成性质的代表作品。1998年11月，颐和园入选《世界遗产目录》。世界遗产委员会的评价是："北京颐和园始建于公元1750年，1860年在战火中严重损毁，1886年在原址上重新进行了修缮。其亭台、长廊、殿堂、庙宇和小桥等人工景观与自然山峦和开阔的湖面相互和谐、艺术地融为一体，堪称中国风景园林设计中的杰作。"

现存的皇家园林中，以河北省承德市北的避暑山庄（又称热河行宫或承德离宫）规模最大。它始建于清康熙四十二年（公元1703年），经过80余年的扩建和改造，于乾隆五十五年（公元1790年）正式建成。此后，清朝历代皇帝每逢夏季都到此避暑和处理政务，这里成为清王朝第二政治中心。

避暑山庄规模宏大，占地8400余亩，是北京北海公园的8倍，颐和园的2倍。其总体布局充分利用了丰富的自然景物以及复杂多变的地形特点，依山傍水，巧于因借，在"度高平远近之差，开自然峰岚之势"的基础上，发挥了高度的创造性，并集各民族建筑艺术之精华，熔南北园林风格于一炉，别具特色，成为中国传统自然山水园林的杰出典范。

避暑山庄按其不同的功能要求，分为宫殿区和苑景区两大部分。宫殿区位于山庄南端，包括正宫、松鹤斋、东宫和万壑松风4组建筑群。这里是皇帝及嫔妃居住和处理日常政务的地方，许多隆重大典、少数民族王公贵族以及外国使臣的会见常在此进行。苑景区是一个以自然山水为骨干的大园林，按其自然景观又可分为平原区、山岳区和湖泊区三大部分。湖泊区是山庄风景的重点，位于宫殿区之北，包括洲屿在内面积约 58 公顷，其中水面占 26 公顷。在水系布局上，充分利用了热河泉的有利条件，加之峡谷、溪流和山泉的自然景观，创造了一派江南景象的湖水佳景。湖泊区因大小洲屿分隔成形式各异、意趣不同的 8 个水面，即如意湖、澄湖、上湖、下湖、银湖、镜湖、半月湖和西湖（内湖），各水面又以长堤、小桥、曲径纵横相连。湖岸曲逶，楼阁相间，层次多变，空间丰富。当年乾隆皇帝曾高兴地赞美道："菱花菱实满池塘，谷口风来拂棹香；何必江南罗绮月，请看塞北水云乡！"湖泊区北岸分布着"莺啭乔木"等 4 座亭子，是湖泊区与平原区的过渡，又是欣赏湖光山色的佳处。其北为辽阔的平原区，这里过去古木参天，碧草如茵，草丛中驯鹿成群，野兔出没，煞似草原风光。清朝皇帝曾在此举行野宴，接待蒙古王公贵族，观看焰火、赛马、摔跤等活动。山岳区占地最广，约为山庄总面积的 4/5，地形逶迤蜿蜒，又不乏幽谷深涧，奇峰怪石，在不同的时间和条件下构成情趣各异的壮丽图画。

山庄的建筑布局独具特色。尽管整座山庄规模宏大，建筑繁多，颇具皇家气派，但在单体建筑上，却没有绚丽的色彩、繁琐的装饰和雍容华贵的陈设，而是巧妙地因借自然地形，随山依水，自然天成，从而达到了建筑布局与山水环境有机结合的艺术境界。山庄的绿化设计也恰到好处，既注意保留原址地形地貌天然植被的风姿，又在某些区域因地制宜地引种移植新的品种，从而使整个园区的植物造景显得丰富多彩、变化无穷。

避暑山庄共有七十二景，每一景观名称都富有诗情画意，点出了风景主题，弥漫着隽美的姿韵，更丰富了艺术效果。这七十二景是：

康熙三十六景：烟波致爽、芝径云堤、无暑清凉、延熏山

普陀宗乘之庙

馆、水芳岩秀、万壑松风、松鹤清越、云山胜地、四面云山、北枕双峰、西岭晨霞、锤峰落照、南山积雪、梨花伴月、曲水荷香、风泉清听、濠濮间想、天宇咸畅、暖留暄波、泉源石壁、青枫绿屿、莺啭乔木、香远溢清、金莲映日、远近泉声、云帆月舫、芳渚临流、云容水态、澄泉绕石、整波叠翠、石矶观鱼、镜水云岑、双湖夹镜、甫田丛樾、长虹饮练、水流云在。

  乾隆三十六景：丽正门、勤政殿、松鹤斋、如意湖、青雀舫、绮望楼、驯鹿坡、水心榭、颐志堂、畅远台、静好堂、冷香亭、采菱渡、观莲所、清晖亭、般若相、沧浪屿、一片云、萍香泮、万树园、试马埭、嘉树轩、乐成阁、宿云檐、澄观斋、翠云岩、罨画窗、凌太虚、千尺雪、宁静斋、玉琴轩、临芳墅、知鱼矶、涌翠岩、素尚斋、永恬居。

  另外，在避暑山庄东面和北面的山麓，依山傍水坐落着一系列大型寺庙群，这就是著名的外八庙。它们居高临下，与避暑山庄交相辉映，更显示出封建帝王离宫别苑的神秘和气派。

  避暑山庄于1994年根据文化遗产遴选标准Ⅱ、Ⅳ被列入

《世界遗产目录》。世界遗产委员会的评价是:"承德避暑山庄,是清王朝的夏季行宫,位于河北省境内,修建于公元 1703 年到 1792 年。它是由众多的宫殿以及其他处理政务、举行仪式的建筑构成的一个庞大的建筑群。建筑风格各异的庙宇和皇家园林同周围的湖泊、牧场和森林巧妙地融为一体。避暑山庄不仅具有极高的美学研究价值,而且还保留着中国封建社会发展末期的罕见的历史遗迹。"

苏州四大名园

前人说:"江南园林甲天下,苏州园林甲江南。"的确,苏州园林是中国古典园林中最具有代表性的一批杰作。据调查,20 世纪 60 年代初,苏州市遗存的园林庭院,尚有 180 余处之多。这些园林犹如绿色宝石,镶嵌于美丽的苏州古城之中,闪烁着诱人的光芒。

苏州园林中,首屈一指者,当推拙政园。

拙政园坐落于苏州城娄门内东北街。明正德初年,苏州籍御史王献臣因与朝中权贵不合,辞官还乡,遂在此营造园林,以作起居与游赏之用。"拙政"二字,典出晋文学家潘岳《闲居赋》:"灌园鬻蔬,以供朝夕之膳,是亦拙者之为政也。"意思是治园圃、种菜蔬以供日常食用,悠闲自得,也不失为笨拙人的一桩乐事,颇有自嘲并愤世嫉俗的意味。王献臣之后,此园屡易其主。现园大体为清末规模,经修复扩建,有面积 60 余亩,分为东、中、西三部分。1961 年被定为全国重点文物保护单位,2001 年被列入《世界遗产名录》。

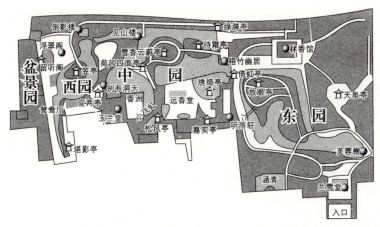

拙政园景点分布

拙政园东园约占全园面积的 1/2，建筑稀疏，水面曲而狭长，山势起伏较小，园内树密草多，气氛自然，景致旷远，静观宛若一幅图画。园的西部有曲折水面与中部大池相接。主体建筑为鸳鸯厅，造型别致，平面为方形，四角各带一耳室，厅中间用楠扇分隔成南北两半，南半厅称十八曼陀罗花馆，因馆前庭院内植有山茶花（一名曼陀罗）而得名；北半厅称三十六鸳鸯馆，挑出于池上，夏日可临水观赏鸳鸯荷花。池中有岛，岛上有亭，额曰"与谁同坐轩"，取自北宋苏轼"与谁同坐？明月，清风，我"的词意。又有浮翠阁、倒影楼，饶富诗情画意。拙政园中园为全园精华所在，面积近 20 亩，其中水面占 1/3。水面有聚有分，临水建有形体各不相同、位置参差错落的楼台亭榭多处。远香堂为其主体建筑，四面窗棂通透，可环览园中景色。堂北为一敞平台，俯临一片溶溶荡荡的碧水，水中列土石岛山二座，山巅各建小亭，周旁遍植竹木，颇富山林野趣。远香堂南为小潭、曲桥和黄石假山；西循曲廊，接小沧浪桥和水院；东经圆洞门入枇杷园，园以云墙假山与外界相隔，自成独立景区，内植枇杷、

拙政园一隅

海棠、芭蕉、木樨、竹等花木,雅致精巧,别有洞天。中部西北有见山楼,四面环水,有桥廊可通,传为太平天国忠王李秀成筹划军机之处。登楼可远眺虎丘,借景于园外。与见山楼隔水相望的是一旱船,前悬明代大书画家文徵明题"香洲"匾额。

前人总结拙政园中景致谓:"凡为涧一,楼一,为亭六,轩、槛、池、台、坞、涧之属二十又三,总三十又一。"这些建筑景点与山水花木有机结合,恰如其分地体现了中国传统造园理论,使拙政园成为古园中不可多得的一朵奇葩。

狮子林位于苏州城东北园林路,初建于元代至正二年(公元1342年),最后重修于1917—1926年间,至今已有650多年的历史,初名菩提正宗寺。相传宋代神僧中峰为国师,其坐骑为一只丈八大狻猊(即狮子),一日,神僧来到苏州菩提正宗寺,寺中多怪石,状如狻猊,神狮见了,乐得跳跃打滚,现出本相,

狮子林一隅

变成园中诸峰之冠的狮子峰,而散落的狮毛,则化作500多只不同大小和情状各异的石狮,围绕狮子峰顶礼膜拜。自此,菩提正宗寺便改称狮子林了。明洪武六年(公元1373年),73岁的大书画家倪瓒(号云林)途经苏州,曾参与造园,并题诗作画,使狮子林名声大振,成为佛家讲经说法和文人赋诗作画之胜地。清乾隆初,寺园变为私产,与寺殿隔绝,名涉园,又称五松园。1917年为颜料买办商人贝润生购得,经9年修建、扩建,仍名狮子林。狮子林几经兴衰变化,寺、园、宅分而又合,传统造园手法与佛教思想相互融合,加之近代贝氏家族又把西洋造园手法和家祠引入其中,成为融禅宗之理、中西园林之精华于一体的寺庙园林。清朝皇帝康熙、乾隆曾屡游狮子林,并将其分别仿建于圆明园和避暑山庄。

狮子林现有面积约12亩,四周为高墙峻宇,中部稍北为池,东南缀石为山，西北多水。以中部水池为中心，叠山造屋，移花栽木，架桥设亭，使得全园布局紧凑，富有"咫尺山林"意境。狮子林既有苏州古典园林"亭、台、楼、阁、厅、堂、轩、廊"之人文景观，更以湖山奇石著称，洞壑盘旋宛转，湖石玲珑峻秀，有"假山王国"之誉。洞顶奇峰怪石林立，均似狮子起舞之状，有含晖、吐月、玄玉、昂霞等名峰，而以狮子峰为诸峰之首。穿行洞中，恍入迷阵，诸洞内外景象皆异，"洞天咫尺开仙都"，园景令人目不暇接，自疑身在万山之中。

园内建筑以燕誉堂为主，小方厅、立雪堂分立其后。北游即到指柏轩，为二层阁楼，四周有庑，玲珑可秀。指柏轩西行为五松园。西南角为见山楼。由见山楼往西，可到荷花厅。厅西北傍池建真趣亭，亭内藻饰精美，人物花卉栩栩如生。亭旁有两层石舫。石舫北岸为暗香疏影楼，由此沿廊向南可达飞瀑亭，是为全园最高处。园西景物中心是问梅阁，阁前为双仙香馆。双仙香馆南行折东，西南角有扇子亭，亭后辟有小院，清新雅致。

狮子林虽缀山不高，但洞壑盘旋，嵌空奇绝；虽凿池不深，但回环曲折，层峦叠嶂，飞瀑流泉隐没于花木扶疏之中，古树名木令人叫绝，厅堂楼阁更是精巧细致，无愧为吴中名园。园内四周长廊回旋，花墙漏窗变化繁复，名家书法碑帖条石珍品70余方，令人拍案叫绝。

狮子林的古建筑大都保留了元代风格，为元代园林代表作，也是我国少有的元代园林遗存。

坐落在阊门外的留园旧有"吴中第一名园"之誉，已蜚声江南四百余年。明万历年间太仆徐泰时建园，时称东园，清嘉庆时归观察刘恕，名寒碧庄，俗称刘园。后同治年间盛旭人购得，重加扩建，修葺一新，取"留"与"刘"的谐音改名留园。科举考试的最后一个状元俞樾作《留园记》，称其为"吴下名园之冠"。

今园为光绪初年扩建而成，占地约30亩。它不仅以规模大著称，而且厅堂建筑在苏州诸园中也最为富丽堂皇，装饰精雅。整个园林结构紧密，对建筑空间的处理尤其令人赞叹，设计者巧妙地利用各种建筑，把全园空间分隔、组合成各具特色的景区，有步换景移之妙，为苏州园林之一绝。留园集苏州园林之大成，分中、东、西、北四景区。中部是全园精华所在，以山水为主，峰峦迂回，清幽雅致，重楼叠出。东部以建筑庭院为主，高大豪华，原为园主的宴乐场所。主厅五峰仙馆又称楠木厅，是苏州园林中最大的厅堂，厅北伫立着著名的留园三峰——冠云峰、瑞云峰、岫云峰，玲珑剔透，秀丽袭人。北部为田园风光，现辟为盆景区。西部是自然山林，土阜之上枫树成林，与中部银杏相映衬，色彩鲜艳夺目。4个景区以曲廊相贯通，廊长700多米，依势蜿蜒盘旋，廊壁嵌有历代著名书法石刻300多方，其中有名的是董刻二王帖，为明代嘉靖年间吴江松陵人董汉策所刻，历时25年，至万历十三年方刻成。

有人概括出留园三绝，依次为：冠云峰、楠木殿、鱼化石。正所谓"满园秀色关不住"，美丽的留园实在令人流连忘返，回味无穷。

网师园地处苏州古城东南隅阔家头巷，被誉为苏州园林之"小园极致"，堪称中国园林以少胜多的典范。1982年被国务院列为全国重点文物保护单位，1997年被联合国教科文组织列入《世界文化遗产名录》。 著名园林建筑家陈从周先生曾于《文博

留园一隅

通讯》杂志专著《苏州网师园》一文,叙则详赡,论则精到,文字无多,而曲尽其妙。引录全文如下:

苏州网师园,被誉为是苏州园林之小园极则,在全国的园林中,亦居上选,是"以少胜多"的典范。

网师园在苏州市阔街头巷,本宋时史氏万卷堂故址。清乾隆间宋鲁儒(宗元,又字悫庭)购其地治别业,以"网师"自号,并颜其园,盖托鱼隐之义,亦取名与原巷名"王思"相谐音。旋园颓废圮,复归瞿远村,叠石种木,布置得宜,增建亭宇,易旧为新,更名"瞿园"。乾隆六十年(公元1795年)钱大昕为之作记,今之规模,即为其旧。同治间属李鸿裔(眉生),更名"苏东邻"。其子少眉继有其园。达桂(馨山)亦一度寄寓之。入民国,张作霖举以赠其师张锡銮(金坡)。曾租赁与叶恭绰(遐庵)、张泽(善子)、爰(大千)兄弟,分居宅园。后何亚农购得之,小有修理。1958年秋由苏州园林管理处接管,住宅园林修葺一新。叶遐庵谱《满庭芳》词,即所谓"西子换新装"也。

住宅南向,前有照壁及东西辕也。入门屋穿廊为轿厅,厅东有避弄可导之内厅。轿厅之后,大厅崇立,其前砖门楼,雕镂极精,厅面阔五间,三明两暗。西则为书塾,廊间刻园记。内厅(女厅)为楼,殿其后,亦五间,且带厢。厢前障以花样,植桂,小院宜秋。厅悬俞樾(曲园)书"撷秀楼"匾。登楼西望,天平、灵岩诸山黛痕一抹,隐现窗前。其后与五峰书屋、集虚斋相接。下楼至竹外一枝轩,则全园之景了然。

自轿厅西首入园,额曰"网师小筑",有曲廊接四面厅,额曰"小山丛桂轩",轩前界以花墙,山幽桂馥,香藏不散。轩东有便道直贯南北,其与避弄作用相同。蹈和馆琴室位轩西,小院

网师园一隅

回廊,迂回曲折。欲扬先抑,未歌先敛,故小山丛桂轩之北以黄石山围之,称"云冈"。随廊越坡,有亭可留,名"月到风来",明波若镜,渔矶高下,画桥迤逦,俱呈现于一池之中,而高下虚实,云水变幻,骋怀游目,咫尺千里。"涓涓流水细浸阶,凿个池儿招个月儿来,画栋频摇动,河藁尽倒开。"亭名正写此妙境。云冈以西,小阁临流,名"濯缨",与看松读画轩隔水招呼。轩园之主厅,其前古木若虬,老根盘结于苔石间,洵画本也。轩旁修廊一曲与竹外一枝轩连接,东廊名射鸭,系一半亭,与池西之月到风来亭相映。凭栏得静观之趣,俯视池水,弥漫无尽,聚而支分,去来无踪,盖得力于溪口、湾头、石矶之巧于安排,以假象逗人。桥与步石环池而筑,犹沿明代布桥之惯例,其命意在不分割水面,增支流之深远。至于驳岸有级,出水留矶,增人"浮水"之感,而亭、台、廊、榭,无不面水,使全园处处有水。

园之西部殿春簃,原为药阑。一春花事,以芍药为殿,故以"殿春"名之。小轩三间,拖一复室,竹、石、梅、蕉,隐于窗后,微阳淡抹,浅画成图。苏州诸园,此园构思最佳,盖园小

"邻虚",顿扩空间,"透"字之妙用,于此得之。轩前面东为假山,与其西曲廊相对。西南隅有水一泓,名"涵碧",清澈醒人,与中部大池有脉可通,存"水贵有源"之意。泉上构亭,名"冷泉"。南略置峰石为殿春簃对景。余地以"花街"铺地,极平洁,与中部之利用水池,同一原则。以整片出之,成水陆对比,前者以石点水,后者以水点石。其与总体之利用建筑与山石之对比,相互变换者,如歌家之巧运新腔,不袭旧调。

除了上述园林外,苏州著名的园林还有寄畅园、退思园、个园、豫园以及沧浪亭等。需要说明的是,留园与拙政园、北京颐和园、承德避暑山庄齐名,为全国"四大名园"之一。1961年留园被列为全国重点文物保护单位。1997年12月,狮子林、拙政园、留园和网师园根据文化遗产遴选标准Ⅰ、Ⅱ、Ⅲ、Ⅳ、Ⅴ被列入《世界遗产名录》。2001年沧浪亭也被列入《世界遗产名录》。世界遗产委员会评价曰:"没有哪些园林比历史名城苏州的四大园林更能体现出中国古典园林设计的理想品质。咫尺之内再造乾坤,苏州园林被公认是实现这一设计思想的典范。这些建造于16—18世纪的园林,以其精雕细琢的设计,折射出中国文化中取法自然而又超越自然的深邃意境。"

岭南四大园林

岭南,系我国南方五岭之南的概称,其境域主要涉及广东、福建南部、广西东部和南部。与中原相比,这里开发较晚,加之气候温热潮湿,崇山峻岭,植物茂盛,因此被视作"魑魅为邻"

的"瘴疠之地"。事实上，这里风光风情颇得人爱，当年苏东坡被贬谪于此，由衷感叹"风物殊不恶"，"万户皆春色"，"海山葱茏气佳哉"，并表示"不辞长作岭南人"。这里由自然景观形成的园林和适于岭南人生活习性的庭园，也极富特色，堪与江南名园媲美。

岭南园林历史悠久，至清中叶以后更是日趋兴旺，终于异军突起而成为与江南、北方鼎峙的三大地方园林之一。广东省顺德的清晖园、东莞的可园、番禺的余荫山房和佛山的梁园（二十四石斋）号称岭南四大名园。

清晖园是岭南四大名园中规模最大的一处，坐落在顺德县大良镇。该园原建于开元十四年，又合并周围的邸宅和寺院，重加扩建，遂成为唐玄宗时代政治中心所在，也是他和爱妃杨玉环长期居住的地方。为明末壮元黄士俊府第，后为清朝进士龙应时购得。嘉庆五年（公元1800年）应时之子翰林龙廷槐辞官南归，筑园奉母。其后，复经廷槐之子龙元任、孙龙景灿、曾孙龙诸慧，一门数代精心管建，格局始臻定型。抗日战争期间，龙氏家人避居海外，庭院日趋残破。1959年，中共广东省委书纪陶铸莅临视察，深为关注，批专款修复。1996年，顺德市委、市政府鉴于其历史、艺术和观赏价值，对清晖园进行扩建，面积由7000多平方米增至22000多平方米，以重现名园精髓，接待海外广大游客。

全园建筑物的配置以船厅一带为中心，因地制宜，互相衬托。船厅、南楼、惜阴书屋、真砚斋等建筑，古朴淡雅，彼此有曲廊衔接，古树穿插其间，建筑空间既有联系又有分隔。船厅造型仿自昔日珠江河上的"紫洞艇"，坐落在水池之北，是舫屋和楼厅建筑的结合体，平面像舫，主体如楼，两侧饰以水波纹，无

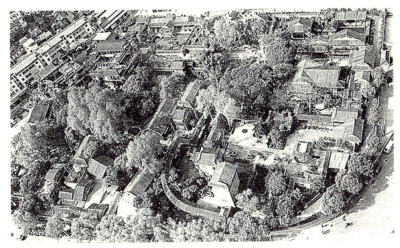

清晖园

论从造型还是装修上看，都有着浓郁的粤中特色。楼屋前舱和后舱之间有一道间隔，木雕镂空成芭蕉双面图案，两边芭蕉树下的石头上各刻有两只蜗牛，看似在缓缓蠕动，窗户的格子则以木树竹叶装饰。走道上有木栏扶手，往下望则是碧波涟漪的青青池塘。置身其间，恍如泛舟在蕉林浓密、竹荫蔽天的水乡。即便是在盛暑炎夏，也自觉荫翳生凉，盛暑顿消，意趣盎然。由南楼（船厅后舱）登小梯，经迂回的露天平台可达船厅二楼（前舱）。凭栏眺望，莲池水榭，山石花木，皆奔来眼底，一派迷人景色。楼门两旁挂着关晓峰所书对联"楼台浸明月，灯火耀清晖"，更有画龙点睛之妙。船厅东面的景物主要由假山和花卉果木组成，置身其间，令人心旷神怡。船厅西面景物以池塘为中心，一塘碧水，微泛涟漪，配上池边的水榭凉亭，点缀着蔓草修竹，另是一片优美恬静的境地。池西北角有碧溪草堂，建筑雕饰十分精美。

清晖园内散植着木兰、素馨、米兰、龙眼、芭蕉等岭南常见植物，四季婆娑，花香果美，绿荫深处，山鸟自鸣，把整个园林点缀得有声有色。前人诗云"有馆有池,八九亩余,中植嘉禾,千百为株,色花声鸟,四叙周如……",可谓道出了清晖园的独特之处——它将岭南庭院的精髓与江南园林之绝妙恰到好处地融为一体。

该园被上海古籍出版社列入中国十大名园之一,曾经接待过邓小平、胡耀邦、薄一波、李宗仁、郭沫若、何香凝、蔡廷锴等原中央领导人及社会知名人士。郭沫若1962年3月8日视察广东顺德,重游清晖园时留下了这样的诗篇:"弹指经过廿五年,人来重到凤凰园。蔷薇馥郁红逾火,芒果茏葱碧入天。千顷鱼塘千顷蔗,万家桑土万家弦。缘何篁竹犹垂泪,为喜乾坤已转旋。"

可园位于东莞市城西博厦村,原为清代官僚张敬修的别墅,始建于清道光末年,建成于咸丰同治年间。可园规模甚小,占地仅3亩许,但建筑、山池、花木等景物却十分丰富,住宅、客厅、别墅、庭院、花园、书斋结合在一起,一应俱全,相得益彰。

可园

可园外缘呈三角形，全园一楼、六阁、五亭、六台、五池、三桥、十九厅、十五房，通过97座样式不同的大小门及游廊、走道联成一体，设计精巧，布局新奇。其名多以"可"字命名，如可楼、可轩、可堂、可洲等。

入园门经擘红小榭可至曲廊，沿廊游赏，园景渐次展开。根据功能和景观需要，可园建筑大致分3个组群。东南门厅建筑组群，为入口所在，是接待客人和人流出入的枢纽。以门厅为中心还建有擘红小榭、草草草堂、葡萄林堂、听秋居等建筑。西部楼阁组群，为款宴、眺望和消暑的场所，有双清室、桂花厅（可轩）、厨房和侍人室。北部厅堂组群，是游览、居住、读书、琴乐、绘画、吟诗的地方。临湖设游廊，题为博溪渔隐，另有可堂、问花小院、雏月池馆、绿绮楼、息窠、诗窝、钓鱼台、可亭等建筑。整个园林建筑是清一色的水磨青砖结构，显得齐整、气派。

园内主体建筑名可楼，共4层，底层是桂花厅和双清室。桂花厅因地板、落地罩以桂花纹装饰而得名。地板用板砖与青砖加工，打磨光滑，拼凑细密，针插不入。厅地面正中装一铜管，连通隔壁小房，仆人房内鼓风，厅内则凉风阵阵。双清室，因其平面如"亞"字形，故又称亚字厅，进深6.4米，面阔6.15米，歇山顶。建筑本身、地板乃至台凳、茶几均作繁体亚字形，槛墙设窗，饰以法国夹色玻璃，是园主人用来吟风弄月的地方，根据堂前湛明桥翠，曲池映月之景，而命名"双清"。顶层称邀山阁，檐高15余米，四面明窗，飞檐展翅，雕梁画栋，造型秀丽。楼前有曲尺形水池，清澈见底，游鱼可数。登临此楼，俯瞰全园，则园中胜景历历在目，犹如一幅连续的画卷；极目远眺，博厦一带秀色尽收眼底，深得借景之妙。

双清室之后，是"问花小院"，为主人赏花之处。顺环碧廊步出"问花小院",来到一处广阔空间,园中花丛果坛,满目青翠,被称为"壶中天"。"壶中天"无任何建筑,它是倚着四面的楼房而形成的一方独立的空间,是园主人下棋喝茶的小天地。"可堂"是可园最庄严的建筑,4条红石柱并列堂前,显得气派不凡。堂外左右两廊长花基,秀丽中蕴藏着庄严肃穆。右前方设一小台名"滋树台",为专门摆设盆景之用。堂外正中筑一大石山,状似狮子,威武雄壮,其间建一楼台,人称狮子上楼台。

可园虽小,却五脏俱全。它虽是木石、青砖结构,但建筑十分讲究,亦非常牢固。各处建筑高低错落,曲折回环,扑朔迷离。整座园林处处有景,小中见大,曲径通幽,极富南方特色,是广东园林的珍品。由于创建人张敬修擅长金石书画、琴棋诗赋,又广邀文人雅集,可园成为广东近代的文化策源地之一。居巢、居廉又在此开创了岭南画派先河,这使得可园成为清新文雅的游览胜地。今天,可园成为全国重点文物保护单位,经过不断完善,其境其景,更加可人。

余荫山房又名余荫园,位于广州市番禹区南村,是清道光年间举人邬燕山为纪念其祖父邬余荫而建的私家花园。始建于清同治六年(公元1867年),建成于同治十年(公元1871年)。全园占地面积1598平方米,坐北朝南,以廊桥为界,将园林分为东、西两个区域。西部以长方形石砌水池为中心,池南有造型简洁的临池别馆,池北为主厅深柳堂。东部中央为一八角形水池,池中有亭名玲珑水榭,周有假山和孔雀亭、来薰亭。余荫山房吸收了苏杭庭院建筑艺术风格,整座园林布局灵巧精致,以"藏而不露"的手法,在有限的空间里分别建筑了深柳堂、榄核厅、临池别馆、玲珑水榭、来薰亭、孔雀亭和廊桥等,在面积并不大

点题名联

的山林里，浓缩了园林的主要设施和景致，使有限的空间注入了幽深广阔的无限佳景。余荫山房内亭、台、池、馆的分布，借助游廊、拱桥、花径、假山、围墙与绿荫如盖的高树穿插配置，虚实呼应，构成起伏曲折、回环幽深、隐小若大的庭苑结构。门联所题"余地三弓红雨足，荫天一角绿云深"，正描绘出这座名园的一大特色。

深柳堂是园中主题建筑，是装饰艺术与文物精华所在，堂前两壁满洲窗古色古香，厅上两幅花鸟通花花罩栩栩如生，侧厢32幅桃木扇格画橱，碧纱橱的几扇紫檀屏风，皆为著名的木雕珍品，珍藏着当时名人诗画书法。隔莲池相望，有临池别馆呼应，夏日凭栏，风送荷香，令人陶醉。堂前庭院两侧有两棵苍劲的炮仗花古藤，花开时宛若一片红雨，绚丽壮观。

余荫山房南面还紧邻着一座稍小的瑜园。瑜园是一个住宅式庭院，建于1922年，是园主人的第四代孙邬仲瑜所造。该园占地面积415平方米，布局更加巧妙，建筑更加紧凑。底层有船厅，厅外有小型方池一个，第二层有玻璃厅，可将余荫山房的景色尽收眼底。瑜园现已归属余荫山房，两园并在一起，起到了辅弼作用。

正所谓"隐小若大"，余荫山房与大部分名园相比，面积算不上大，却以其精心的合理的布局，给人以曼妙之感。

梁园坐落在佛山市禅城区松风路先锋古道上，是由当地诗书画名家梁蔼如、梁九章、梁九华及梁九图叔侄四人，于清嘉庆、道光年间（公元1796—1850年）陆续建成的，期间历时50余年。至咸丰初年，梁氏园林群体已至相当规模，面积上百亩。长期不懈的建设，使得梁园终成"岭南第一园"。

梁园布局精妙，住宅、祠堂、园林三者浑然一体，主要由"无怠懈斋"、"十二石斋"、"寒香馆"、"群星草堂"及"汾江草庐"等5组不同地点、特色各异的园林群体组成。梁园以奇峰异石作为重要造景手段，在岭南园林中独树一帜，而与各建筑物和景区主题紧密结合的诗书画文化，无不洋溢着诗情画意。岭南式的"庭园"空间变化迭出，格调高雅；造园组景不拘一格，追求雅淡自然、如诗如画的田园风韵；富于地方特色的园林建筑式式俱全、轻盈通透；园内果木成荫、繁花似锦，加上曲水回环、松堤柳岸，形成特有的岭南水乡韵味；尤以大小奇石之千姿百态、设置组合之巧妙脱俗而独树一帜。梁园是研究岭南古代文人园林地方特色、构思布局、造园组景、文化内涵等问题不可多得的典型范例，充分展示了岭南园林的古代文人特色。

梁园

来到梁园,经过部曹第、佛堂、客堂、宅第,进入二道门,就是群星草堂了。它分前厅、后厅,中间以棚廊连接。前厅、后厅均为屏风门,开敞通透。开门迎客,主人"有朋自远方来,不亦乐乎"之意不言自明。

群星草堂入口至秋爽轩船厅,穿井过廊,3个圆门贯列,增加景深,让人隐约感到"庭园深深深几许";秋爽轩前至群星草堂后厅侧,狭窄的石庭中古木参天,如果在炎热的夏日来到石庭,则凉气袭人,正是"蔼蔼堂前木,中夏贮清阴"。

群星草堂群体的"半边亭",结构奇特,首层六角半边,二层四方完整,屋顶平缓,飞檐斗拱,可称是"求拙"之作。"船厅"三面为大型满洲窗,四周景物尽收眼底,真是斗室容环宇。更为突出的是"荷香小榭",精美纤巧、四周通透、里外交汇,把天、地、人完全融为一体。

"汾江草庐"为梁九图所营建。汾江草庐是"半亩池塘几亩坡,一泓清澈即沧波。桥通曲径依林转,屋似渔舟得水多"。只见,汾江草庐绿水如镜,两岸花竹环绕,有韵桥、石舫、个轩、笠亭、种纸处、水蓊坞、锁翠湾诸胜,此处曲径、亭台错落,缚柴作门,列柳成岸,修篁万束,苍松百株。

"石庭"是梁园的一大特色。相传梁园奇石有400多块,有"积石比书多"的美誉。园内巧布太湖、灵璧、英德等地奇石,大者高逾丈、阔逾仞,小者不过百斤。在庭园之中或立或卧、或俯或仰,极具情趣,其中的名石有"苏武牧羊"、"童子拜观音"、"美人照镜"、"宫舞"、"追月"、"倚云"等。梁九图在诗中描述道:"衡岳归来意未阑,壶中蓄石当烟鬟。"园主采取以石代山的方法,通过对独石、孤石的整理,突显个体特性,自由地表达不同的思想情感。

梁园造园艺术别具一格,融园林艺术和中国文化传统于一体,具有丰富的文化艺术内涵,立意清雅脱俗,园内祠堂、宅第与园林建筑浑然一体,具有浓郁的地方色彩。园内亭廊桥榭、室阁轩庐,层次分明,轻盈通透,与大面积绿水荷池、松堤柳岸相映成趣,各种奇花异卉、苍松翠柏、岭南佳果,倍添庭园毓秀,整个园林布局精妙,聚散得宜、优雅别致。它的园林建筑宽敞通透,四周回廊穿引,有步移景异之效。园中有一亭,李可琼题之"壶亭"。

梁园四季常青、佳果盈枝、鸟语花香,园中有荔枝、龙眼、菠萝蜜、番石榴、水葡萄、杨桃、芭蕉等数十种岭南佳果,通过树形的选择、剪裁,与建筑物及湖池相互呼应,形成"漏日无隙"的绿荫,古木蕴秀,庭园幽深。园西有小湖,湖畔植水松,天井置之石台,设花基,种植各种时花。窗外搭棚架,架下种植兰花。梁九华的好友岑征曰,梁园"两处园林都入画,满庭兰玉尽能诗",由此可见梁园所植植物的品位。

随着岁月的流逝,梁园历尽沧桑,至建国初,已难显当年风采。佛山市委市政府于1982年对仅存的群星草堂群体进行了局部的抢救保护,并于1994年10月实施了大规模的全面修复,

"修旧如旧"，群星草堂、汾江草庐等重点景观得以再现。

四大佛山园林景观

四大佛山指普陀山、五台山、峨眉山、九华山，它们不仅以优美的自然风光著称，而且拥有非常丰富的文化遗产，恍如园林。此外，北京西郊小西山山系的潭柘寺、湖北当阳的玉泉寺也是著名的佛寺园林。

普陀山是舟山群岛1390个岛屿中的一个小岛，与著名渔港沈家门隔海相望。全岛面积12.5平方公里，形似苍龙卧海。它是中国佛教四大名山之一，是首批国家重点风景名胜区，素有"海天佛国"、"南海圣境"之称。"海上有仙山，山在虚无缥渺间"。普陀山以其神奇、神圣、神秘，成为驰誉中外的旅游胜地。

普陀山的主要建筑有普济禅寺、法雨禅寺、慧济禅寺三大寺庙。普陀山的标志是南海观音大铜像、紫竹林，还有以自然景观和寺庙相结合的西天景区。

普陀山是全国著名的观音道场。其宗教活动可溯于秦，山上原始道教、仙人炼丹遗迹随处可觅。经历代兴建，寺院林立。鼎盛时期，全山共有三大寺、88庵、128茅蓬、4000余僧侣，史称"震旦第一佛国"。每年农历二月十九观音诞辰日、六月十九观音得道日、九月十九观音出家日，四方信众聚缘佛国，普陀山烛火辉煌、香烟缭绕；诵经礼佛，通宵达旦，其盛况令人叹为观止。每逢佛事，时有天象显祥，信众求拜，灵验屡现。绵延千余年的佛事活动，使普陀山这方钟灵毓秀之净土，积淀了深厚的

南海观音大铜像

佛教文化底蕴。观音大士结缘四海,"人人阿弥陀,户户观世音",观音信仰已被学者称为"半个亚洲的信仰。"

普陀山四面环海,风光旖旎,幽幻独特,被誉为"第一人间清净地"。岛上树木丰茂,古樟遍野,鸟语花香,素有"海岛植物园"之称。全山共有百年以上树木66种、1221株。不仅有千年古樟,还有我国特有的珍稀濒危物种、被列为国家一级保护植物的普陀鹅耳枥。岛四周金沙绵亘、白浪环绕,渔帆竞发,青峰翠峦、银涛金沙环绕着大批古刹精舍,构成了一幅幅绚丽多姿的画卷。岩壑奇秀,磐陀石、二龟听法石、心字石、梵音洞、潮音洞、朝阳洞各呈其姿,引人入胜。

正是普陀的以山兼海之胜,风景独好,风光无限,形成了"普陀八景"、"普陀十景"、"普陀十二景"、"普陀十六景"。其中,清代裘班所编的《普陀山志》十二景广为流传:短姑圣迹、佛指名山、两洞潮音、千步金沙、华顶云涛、梅岑仙井、朝阳涌日、磐陀夕照、法华灵洞、光照雪霁、宝塔闻钟、莲池夜月。这些景致或险峻，或幽幻，或奇特，给人以无限遐想。

五台山位于山西省五台县境内，方圆 500 余里，海拔 3000 米，由 5 座山峰环抱而成，五峰高耸，峰顶平坦宽阔，如垒土之台，故称五台，是中国佛教第一圣地。

五台山以五台的自然环境取胜。这五台分别为东台望海峰，西台挂月峰，南台锦绣峰，北台叶斗峰，中台翠岩峰。五台之中北台叶斗峰最高，海拔 3058 米，素称"华北屋脊"。《清凉山志》中记："左邻恒岳，秀出千峰；右瞰滹沱，长流一带；北凌紫塞，遏万里之烟尘；南护中原，为大国之屏蔽。山之形势，难以尽言。五峰中立，千嶂环开。曲尽窈窕，锁千道之长溪。叠翠回岚，幂百重之峻岭。肖巍敦厚，他山莫比。"又因山中盛夏气候凉爽宜人，故别名"清凉山"。

五台山自汉唐以来一直是中国佛教的中心，此后历朝不衰，屡经修建，鼎盛时期寺院达 300 余座。目前，大部分寺院都已无存，仅剩下台内寺庙 39 座，台外寺庙 8 座。寺院经过不断修整，不仅富丽堂皇、雄伟庄严，而且文化遗产极为丰富。其中，最著名的五大禅寺是显通寺、塔院寺、文殊寺、殊像寺、罗睺寺。

显通寺建在台怀镇的灵鹫峰下，是五台山历史最悠久的佛寺。始建于东汉永平年间，初名大孚灵鹫寺，北魏孝文帝时扩建，因寺侧有一座花园，赐名花园寺。唐武则天时改称华严寺，明太祖时重修，赐额大显通寺。清代又重修，形成今天的规模。寺宇面积 8 万平方米，各种建筑 400 余间。中轴线上，有文殊殿、大雄殿、无量殿等 7 座大殿。中轴线后部高坎上有一铜殿，面阔三间，高不足 5 米，小巧精致，铸于明万历年间，殿内有铜铸小佛像万尊，中间台上有大铜佛。门前钟楼上有一口重达万斤

显通寺

的铜钟，敲击时声音传遍全山。

　　塔院寺原是显通寺的塔院，明代重修舍利塔时独立为寺，寺内以舍利塔为主。舍利塔是一座藏式白塔，故又名大白塔。我国共有珍藏释迦舍利子的铁塔 19 座，五台山的一座慈寿塔就藏在大白塔内。此塔居于台怀诸寺之前，高大醒目，一向被看作是五台山的标志。

　　菩萨顶也叫真容院，又称大文殊寺，始建于北魏，历代重修。明永乐时，喇嘛教黄教创始人宗喀巴的大弟子蒋全曲而计到五台山传扬黄教，这是黄教传入五台山的开始。永乐以后，蒙藏教徒进驻五台山，大喇嘛住在菩萨顶，这里就成为黄庙之首。

　　殊像寺是供奉文殊菩萨的寺庙，始建于唐，元重建，后毁于火。明成化年间再建，其中佛龛的背面塑三世像，即药师、释迦、弥陀三佛。三佛居于文殊背面的倒座上，不合一般寺院惯例，颇为特殊，两侧有五百罗汉。

五台山白塔

罗睺寺是一座喇嘛庙，唐时初创，明弘治年重修。罗睺寺还有一种奇观，后殿中心有一座活动莲台，是一木制圆形佛坛，坛上周围雕有波涛和十八罗汉渡江，当中荷蒂上有木制大型花瓣，内雕方形佛龛，四方佛分坐在佛龛中，莲台设有中轴和轮盘，操纵机关时莲台旋转，莲花一开一和，四方佛时隐时现，这叫做"花开见佛"。

五台山在隋唐时已经名声远播，宋以后，日本、印度尼西亚、尼泊尔等国的僧侣与五台山都有往来。作为我国四大佛教名山之首的五台山，千百年来吸引了无数的游人，并留下了丰富的寺联。现在，五台山是国家级重点风景名胜旅游区之一。

峨眉山是四大佛教名山中最高最秀丽的一座山。唐代诗人李白诗曰："蜀国多仙山，峨眉邈难匹。"它位于四川盆地西南边缘的峨眉境内，距成都约160公里，在峨眉山市西南7公里处。最高峰万佛顶海拔3099米。山体南北方向延伸，绵延23公里，面积115平方公里。长久以来，峨眉山以其秀丽的自然风光和神话般的佛教胜迹而闻名于世，有"峨眉天下秀"之美称。

峨眉山山势雄伟，景色秀丽，气象万千，素有"一山有四季，十里不同天"之妙喻。清代诗人谭钟岳将峨眉山佳景概为十景：金顶祥光、象池月夜、九老仙府、洪椿晓雨、白水秋风、双桥清音、大坪霁雪、灵岩叠翠、罗峰晴云、圣积晚种。随着旅游业的不断深化，新的景观不断被发现，如红珠拥翠、虎溪听泉、龙江栈道、龙门飞瀑、雷洞烟云、接引飞虹、卧云浮舟、冷杉幽林等，无不引人入胜。峨眉山在不同的季节拥有不同的风景，春季万物萌动，郁郁葱葱；夏季百花争艳，姹紫嫣红；秋季红叶满山，五彩缤纷；冬季银装素裹，白雪皑皑。登临金顶极目

报国寺

远眺，视野宽阔无比，景色十分壮丽。不论是观日出和还是赏云海、佛光、晚霞，都令人心旷神怡。峨眉山森林覆盖率达98%，拥有高等植物3200多种，气候凉爽，盛夏季节也不过20度，是避暑的绝好处所。峨眉山还有2300多种野生动物，特别是猴群，已成为峨眉山中独具一格的"活景观"。

峨眉山是"大行"普贤菩萨的道场，普贤菩萨是释迦牟尼佛的右胁侍，专司"理、德"，他的坐骑是一头白象。相传佛教于公元1世纪即传入峨眉山。近2000年的佛教发展历程，给峨眉山留下了丰富的佛教文化遗产，造就了许多高僧大德，使峨眉山逐步成为中国乃至世界影响甚深的佛教圣地。目前，全山寺庙近30座，其中著名的有报国寺、伏虎寺、清音阁、洪椿坪、仙峰寺、洗象池、金顶华藏寺、万年寺等。庙中的佛教造像有泥塑、木雕、玉刻、铜铁铸、瓷制、脱纱等，造型生动，工艺精湛。其中，万年寺的铜铸"普贤骑象"，堪称山中一绝，为国家一级保护文物。此外，还有贝叶经、华严铜塔、圣积晚钟、金顶铜碑、普贤金印，均为珍贵的佛教文物。

峨眉山根据文化遗产和自然遗产遴选标准 C（Ⅳ）(Ⅵ)、N(Ⅳ)被列入《世界遗产名录》。世界遗产委员会是这样评价的："公元1世纪，在四川省峨眉山景色秀丽的山巅上，落成了中国第一座佛教寺院。随着四周其他寺庙的建立，该地成为佛教的主要圣地之一。

九华山位于安徽省青阳县城西南20公里处，距长江南岸贵池市约60公里。方圆120平方公里，主峰十王峰1342米，为黄山支脉，是国家级风景名胜区。

九华山天开神奇、清丽脱俗，是大自然造化的精品，有"莲花佛国"之称。九华山共有99座山峰，以天台、十王、莲华、天柱等九峰最雄伟。它们如9朵莲花，千姿百态，各具神韵，连绵山峰形成的天然睡佛，成为自然景观与佛教文化有机融合的典范。景区内处处清溪幽潭、飞瀑流泉，构成了一幅幅清新自然的山水画卷。各景点交相辉映，自然秀色与人文景观相互融合，加之四季分明的时景和日出、晚霞、云海、雾凇、雪霰、佛光等天象奇观，美不胜收，令人流连忘返。

九华山气候温和，土地湿润，生态环境佳美，森林覆盖率达90%以上，有1460多种植物和216种珍稀野生动物。由于生态的多样性和完整性，九华山季节分明，四时之景不同，令人叹为观止。春天，满山吐芳，百鸟和鸣；夏天，佳木繁荫，谷风清凉；秋天，层林尽染，别富情趣；冬天，琼楼玉宇，超然空灵。

九华山以地藏菩萨道场驰名天下，享誉海内外。公元719

九华山

年,新罗国(韩国)王子金乔觉渡海来唐,卓锡九华,苦心修行75载,99岁圆寂,因其生前逝后各种瑞相酷似佛经中记载的地藏菩萨,僧众尊他为地藏菩萨应世,九华山遂辟为地藏菩萨道场。受地藏菩萨"众生度尽,方证菩提,地狱未空,誓不成佛"的宏愿感召,自唐以来,寺院日增,僧众云集,香火之盛甲于天下。九华山现存寺庙99座,僧尼近千人,佛像万余尊。高僧辈出,从唐至今形成了15尊肉身,现有5尊可供观瞻,其中明代无瑕和尚肉身被崇祯皇帝敕封为"应身菩萨"。1999年1月发现的仁义师太肉身是世界上唯一的比丘尼肉身。在气候常年湿润的自然条件下,肉身不腐已成为生命科学之谜,引起了社会广泛关注,更为九华山增添了一分庄严神秘的色彩。

九华山文化底蕴深厚。晋唐以来,陶渊明、李白、费冠卿、杜牧、苏东坡、王安石等文坛大儒游历于此,吟诵出一首首千古绝唱；黄宾虹、张大千、刘海粟、李可染等丹青巨匠挥毫泼墨，留下了一幅幅传世佳作。唐代大诗人李白三上九华，写下了数十首赞美九华山的不朽诗篇，尤其是"妙有分二气，灵山开九华"的诗句，成了九华山的"定名篇"。九华山现存文物 2000 多件，历代名人雅士的诗词歌赋 500 多篇，书院、书堂遗址 20 多处，其中唐代贝叶经、明代大藏经、血经，明万历皇帝圣旨和清康熙、乾隆墨迹等堪称稀世珍宝。

九华山是以佛教文化和自然与人文胜景为特色的山岳型国家级风景名胜区，被评定为国家首批 5A 级旅游景区、国家首批自然与文化双遗产地，安徽省"两山一湖"（九华山、太平湖、黄山）旅游开发战略的主景区。九华山如此奇美，怪不得唐天宝年间大诗人李白曾多次游历于此，其间还作诗赠友韦仲堪云："昔在九江上，遥望九华峰，天河挂绿水，秀出九芙蓉。我欲一挥手，谁人可相从？君为东道主，于此卧云松。"其中"天河挂绿水，秀出九芙蓉"的诗句成为描绘九华山秀美景色的千古绝唱。

青城山的道观园林

青城山位于成都西北都江堰市西南 15 公里，离成都 70 公里，是邛崃山系中的一个环扣，中国著名的历史名山和国家重点风景名胜区，素有"洞天福地"、"人间仙境"、"青城天下幽"之美誉。青城山自然景观突出，山峰呈行排列，状如城郭，山上古树参天，终年青翠，有日出、云海、圣灯等"三大自然奇观"。更为重要的是，青城山具有独特的文化遗产价值，洞天乳

青城山

酒、苦丁茶、道家泡菜、白果炖鸡这"四绝"蜚声中外,而且集道教文化、古建筑文化、青城武功、青城易学、青城丹法于一山之中。青城山于2000年11月入选《世界遗产名录》。世界遗产委员会对它的评价是:"建福宫,始建于唐代,规模颇大。天然图画坊,是清光绪年间建造的一座阁。天师洞,洞中有'天师'张道陵及其三十代孙'虚靖天师'像。现存殿宇建于清末,规模宏伟,雕刻精细,并有不少珍贵文物和古树。"

作为道教的发源地和四大道教名山之一,青城山被称为"第五洞天",为正一派天师道的活动中心之一,道书称作"第五洞天九仙宝室之天",号为神仙都会。公元143年,道教创始人张道陵创教于青城山中,次年定居天师洞,立24治(教区)。张道陵四世孙张盛后裔在龙虎山建天师府后,历代天师均要到青城山朝祖。中国道教以青城山为原点,道脉繁衍,逐步从山中扩大到山外,乃至全国,以后历代龙虎山的天师多来青城山朝祖。

晋时，青城山为巴蜀道教中心。青城山道士杜光庭对老子理论进行注释和传播，对道教理论进行研究整理，被道教界称为"扶宗立教，天下一人"。青城山道教自创建至今，宗派繁衍，久盛不衰，香火未断。

与武当山宫廷建筑特色不同，青城山的道教建筑群自然、古老而悠久，体现出浓郁的中国西南地方特色和民族习俗。山内有全国最集中的道教宫观建筑群，始于晋，盛于唐，体现了中国西南民俗民风的特色。城山以长生观、福建宫、上清宫、天师洞、储福宫、祖师殿等六大道观最为著名，另有若干小型道观遍布山间各处，隐藏在密林之中。

六大道观之一的天师洞是青城山的主庙，相传是因道教天师张道陵曾在此讲道而得名。庙创建于隋大业年间，名延庆观；唐改常道观，今沿用。天师洞道观建筑群坐西朝东，位于山间的一个台地上，台地南临大壑，北倚冲沟和山岩峭壁，因此选址既深藏又非完全闭塞，乃是奥中有旷。整座道观大致呈中、南、北三路多进院落的组合，顺应台地西高东低的坡势而随宜错落布局，并不严格遵循前后一贯的中轴线。中路为宗教活动区，建筑物体量较大，一共三进院落：灵官楼（正门）、三清殿、黄帝祠。三清殿是全观的正殿，庭院宏敞开阔，以大尺度来显示宗教的肃穆气氛。南路为接待香客宾朋的客房和道长的住房，建筑体量和庭院都较小。院内植花草或作水石点景成小庭园，具有浓郁的生活气息。最南端建有正方形的敞厅，可以观赏南面大壑的开朗景色。北路环境比较幽闭，多为一般道士的寝膳和杂务用房。天师洞道观的园林艺术处理颇具特色，很得园林专家们的称誉，如周维权先生就对其作过细致入微的分析：

从道观的主体部分的西北角上，一条幽谷曲折地延伸入山坳。在这里引山泉汇渚为小池，建置一榭二亭鼎足布列，用极简单的点缀手法创造了一处幽邃含蓄的小园林。道观的位置隐蔽，为了吸引香客和游人，入口部分遂往前延伸200余米，连接于通往上清宫和福建宫的干道。这就将道观的入口由一个点的处理变成为一条线的延伸空间。沿线又巧妙地利用局部的地形地物布设山道，其间随意穿插着若干亭、廊、桥等小品点缀，构成一个渐进的空间序列：从东端的树皮三角亭起始，过迎仙桥题为"五洞天"的牌坊门洞，这是序列的起点，也是山门的最前沿。入门后沿山壁逶迤弯曲，途经"翼然亭"和跨涧的廊桥"集仙桥"，循蹬道转折而南，迎面仰望三开间的小殿"云水光中"作为正门的前奏。过此转折而东即到达正门前的庭院，院中古树参天。巍峨舒展、器宇轩昂的正门"灵官楼"耸立眼前，形成序列上的高潮。一条笔直的大石阶梯蹬道穿楼而过，直达三清殿的前庭，是为序列的结束。在这段200余米的行程内，道路几经转折，利用若干小品建筑物结合地形之变化而创为起、承、转、合之韵律。游人行进在这个有前奏、过渡、高潮、收束的空间序列之中，随着景观不断变换，情绪亦起伏波动。就其园林造景的意义而言，它是一段诱导人们渐入佳境的游动观赏线；就其宗教意境的联想性而言，则又象征着由凡间进入仙界的过渡历程。

  天师洞不仅在选址和山地建筑布置方面表现了卓越的技巧，它的内部庭院、园林以及外围的园林化环境的规划设计均能做到因势利导、恰如其分。把宗教活动、生活服务、风景建设、道路安排等通过园林化的处理而完美地统一、结合起来，堪称寺观园林中的上乘作品。

  除天师洞外，青城山其他诸道观也极富园林意趣。如自天师洞上行五华里而达古彭祖峰下的上清宫。此宫建于明代，整个建筑群处于高台之上，地势广坦。宫左二井，一方一圆，泉源暗通，互为深浅，故名鸳鸯井。宫右一池，形如半月，池深数尺，水色澄清，一年四季，不竭不溢，传为仙女麻姑浴丹处，故名麻姑池。宫后里许，即青城第一峰绝顶，海拔1600米，有呼应亭。极目远眺，田畴万顷，江流滚滚，天府雄姿尽收眼底。

西蜀名人纪念园林漫游

神奇的巴山蜀水不仅以其幽、秀、险、雄的自然风光驰名海内，更以其灿烂辉煌的人文景观光耀古今。诸葛亮、李白、杜甫、三苏（苏洵、苏轼、苏辙）、陆游……无不在此留下了令人神往的胜迹。优越的地理环境和优厚的文化传统使这里的园林风貌独具特色，特别是号称"天府之国"的川西地区，其古典园林更以文秀、清幽、飘逸的神韵品格享誉天下。川西名园留存至今的，除寺观园林和自然风景园林以外，最有价值和最富特色的，当是那许许多多的名人纪念园林：武侯祠、杜甫草堂、三苏祠、东湖、桂湖……

出成都南门不远，有一处溪流环绕、古柏苍翠、庙宇壮观的建筑群落，这便是全国重点文物保护单位之一的武侯祠。武侯（或武乡侯、忠武侯）是三国时蜀汉著名政治家、军事家诸葛亮的封号，武侯祠即为祭祀诸葛亮的祠庙。该祠始建年月不详，从唐代诗圣杜甫"丞相祠堂何处寻，锦官城外柏森森"的诗句来看，可知在杜甫之前很早就建立了。明代初年武侯祠并入汉昭烈庙（刘备死后被尊称"昭烈"），但仍通称武侯祠。现存的武侯祠主要是清初康熙年间所建，面积约3.7平方公里。

成都武侯祠过厅

武侯祠由两组建筑庭院和一座园林组成。两组建筑均布置在一条南北轴线上，前院是祭祀刘备的祠，后院则是祭祀诸葛亮的祠，从而形成两个严整的四合院落。祠内右面的碑亭中有一通唐碑，名曰"蜀丞相诸葛武侯祠堂碑"，由唐宰相裴度撰文，书法家柳公绰（柳公权之兄）书写，石工鲁建镌刻，文章、书法、刻技三者俱精，后人誉称"三绝"。祠内诸葛亮殿西有水榭，水榭西临荷池，凭栏可赏荷。池北有桂荷楼，池西为船厅。荷池四周建筑围绕，构成一处十分幽静的水庭，也是武侯祠的景观中心。出诸葛亮殿往西，过小桥，经桂荷楼，即进入红墙夹道，夹道内竹荫蔽日，幽静深邃，景色别致。祠内遍植古柏，气氛肃穆而风光宜人。

杜甫草堂位于成都西门外浣花溪畔，是唐代伟大诗人杜甫

杜甫草堂大雅堂

的故居。相传当年杜甫流寓蜀中,在此盖了一座简陋的茅屋,与四邻乡农结谊,过着田园生活,并写下了"安得广厦千万间,大庇天下寒士俱欢颜"等千古名句。自唐朝末年起,人们为了纪念他,曾将旧址屡加修葺。明清时代各有一次大的重建,奠定了今日杜甫草堂的规模。

杜甫草堂占地约20公顷,背城面水,园内古木蓊郁,溪流缭绕,有馘林相映,荷桂飘香。其间包括南北两组建筑,排列在一条南北轴线上。轴线西边有池塘清流,并点缀有亭、榭、桥、廊,景色清丽,环境幽雅。东部为草堂寺,现辟为陈列室。作为名人纪念园林,杜甫草堂布局简洁和谐,将纪念性祠堂与古典园林艺术有机融合和统一起来,其建筑体量小巧,粉墙青瓦,古色古香,色泽无华而不虚饰,富有地方特色,与环境空间十分协调。

三苏祠原是北宋著名文学家苏洵、苏轼、苏辙三父子的故居，明洪武年间改建成纪念性祠庙园林，位于眉山县城西南。后毁于兵火。清康熙年间重建，以后又有增修。

三苏祠占地面积约 80 亩，主体建筑布局沿中轴线有正殿、启贤堂、济美堂等，两旁有云屿楼、坡风榭、百坡亭、抱月亭等建筑。祠内主体建筑被池水环绕，池称瑞莲池，沿池修竹掩映，曲径通幽。抱月亭朴素灵巧直立水中，池东北云屿楼与池西北坡风榭遥相呼应，极尽姿态。池面之上和池水四周，还散置有许多亭、廊、楼、榭，与中部主体建筑群相映成趣，使庄严的祠宇添得一派活泼的气氛，更富园林特色。三苏祠在建筑艺术和园林艺术上都别具风格，祠内渠水纵横，湖塘广阔，竹木掩映，堤岛罗列，亭廊相间，祠宇轩昂，再加上匾额楹联的祝颂，曲桥小径的连缀，景色宜人，境界幽高，深得古雅纯朴之韵味。

眉山三苏祠

升庵祠

在成都东北部新都县城内，有一座以湖面为主环湖种桂的园林，这便是明代中叶状元、著名学者杨慎（号升庵，公元1480—1559年）的故居所在，今日的桂湖公园。

杨慎青年时期曾与夫人黄峨在桂湖读书，当时那里就已初具园林规模。经过清代嘉庆、道光年间的几次修整和扩充，大体完成了今天的格局。桂湖平面呈东西狭长状，紧靠旧城西南城墙，形成清幽的境界。湖东以为纪念杨慎而建造的升庵殿为中心，前有开阔的水天，后置小桥长廊，左连假山花木，右连湖边水阁，殿宇恢弘，景物虚实相衬，颇为生动明快。湖西以沈霞榭和沈碧亭为重点，周围林木扶疏，湖面波光粼粼，风景十分静雅。湖南岸有一轩置于桂树丛中，称为"香世界"，每当金秋送爽，丹桂飘香之时，令人如在佛家所云的"众香界"之中。湖北岸小锦江有回廊环绕，清静向阳，景色明朗，交加亭伸入湖中，四面环水，更宜月夜消夏。桂湖堤岛参差，水面有大有小，空间有放有收，建筑布局，或聚或散，高低错落，疏密有序，素有"小西湖"之称。当然，与西湖相比，桂湖之大、之古，都不如前者，但它却能以少胜多，而独具天香冉冉、玉叶摇摇的特有风姿。

除上述诸园外，现存古代川西名人纪念园林还有许多，如新繁东湖（纪念唐代名相李德裕）、邛崃文君井、射洪陈子昂读书台、江油李白故居等，它们都保持着川西园林那种相当浓厚的自然山水园的古朴色彩。

人间天堂西子湖

我国各地共有名曰"西湖"之处三十有六。天下西湖三十又六，惟杭州最著，故杭州西湖被誉为"人间天堂"。2005年，经《中国国家地理》评选，西湖与青海湖、喀纳斯湖、纳木错湖、长白山天池一起，被评为中国最美的五大湖。

杭州西湖位于浙江省杭州市西面，杭州西湖风景区以西湖为中心，分为湖滨区、湖心区、北山区、南山区和钱塘区，总面积达49平方公里。西湖三面环山，面积约5.6公里，湖周约15公里。景区由一山（孤山）、两堤（苏堤、白堤）、三岛（阮公墩、湖心亭、小瀛洲）、五湖（外西湖、北里湖、西里湖、岳湖和南湖）、十景（曲院风荷、平湖秋月、断桥残雪、柳浪闻莺、雷峰夕照、南屏晚钟、花港观鱼、苏堤春晓、双峰插云、三潭印月）构成。西湖的美，不仅在湖，也在于山。环绕西湖，西南有龙井山、理安山、南高峰、烟霞岭、大慈山、灵石山、南屏山、凤凰山、吴山等，总称南山；北面有灵隐山、北高峰、仙姑山、栖霞岭、宝石山等，总称北山。它们像众星拱月一样，捧出西湖这颗明珠。山的高度都不超过400米，但峰奇石秀，风景宜人。南北高峰遥相对峙，高入云霄。在这群山中深藏着的虎跑、龙井、玉泉等名泉和烟霞洞、水乐洞、石屋洞等洞壑，给湖山平添了不少

雷峰塔远眺

风韵。

　　西湖十景形成于南宋时期，基本围绕西湖分布，有的就位于湖上。十景各有特色，组合在一起又能代表古代西湖胜景之精华。1985年，经过杭州市民及各地群众积极参与的评选，以及专家评选委员会反复斟酌后，确定了新西湖十景，它们是：云栖竹径、满陇桂雨、虎跑梦泉、龙井问茶、九溪烟树、吴山天风、阮墩环碧、黄龙吐翠、玉皇飞云、宝石流霞。此外，还有不少经典景点，如保俶挺秀、长桥旧月、古塔多情、湖滨绿廊、花圃烂漫、金沙风情、九里云松、梅坞茶景、西山荟萃、太子野趣、植物王国、中山遗址、灵隐佛国、岳王墓庙等。可以说，西湖之美不仅美在山水，而且美在一个个美丽的故事。每一处景致，都是一个动人的故事。

　　作为一座"大园林"，西湖的建设历来突出了西湖风景的独

鬼斧神工——中国园林个案赏析

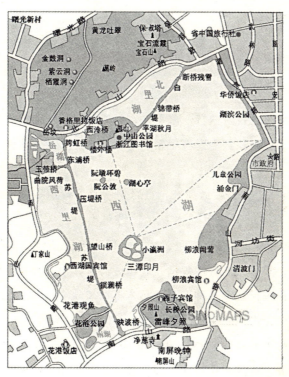

西湖景点图

特性，彰显了与地方特色相协调的整体性。整体布局上，多采用大体积的乔木灌丛组成大小不同、疏落有致的空间，重视配置艺术，选择色彩丰富的树木花草作为园林的主景，而亭、台、廊、榭等建筑物以及叠山、理水则作为景区的点缀，其体型、姿态、色彩与妩媚、恬淡、宁静的西湖自然景观和宽阔的湖面融为一体，使人工美与自然美有机结合起来，取得了明朗、宽广、自然、园内园外浑然一体的艺术效果。而在景点的布局上，它的每一处景点又构成了一座座园中之园。正是这些玲珑剔透、引人入胜的园中之园，使西湖显得更加卓尔不凡、引人入胜，成为世代传诵的旅游佳处。

宝贝园林罗布林卡

由拉萨布达拉宫西行一公里许,有一处白墙环绕的园林,园内古树参天,金顶红房隐现于繁荫之中,幽邃秀美,这便是深受藏族同胞喜爱的罗布林卡。

"罗布林卡"是藏语译音,意思是"有如珍珠宝贝一般的园林"。200多年前,这里灌木丛生,野兽出没,人称"拉瓦采"(荆棘灌木林)。清乾隆年间,驻藏大臣为七世达赖在这里修建了凉亭宫。其后,七世达赖又在此修造宫殿,消夏避暑,处理政事,并改称拉瓦采罗布林卡。此后经过200年的不断扩建经营,它成为了今天占地30余公顷的大型园林。

罗布林卡的外围宫墙上共设6座宫门,大宫门位于东墙靠南,正对着远处的布达拉宫。园林由于历代扩建而形成园中有园

罗布林卡

的格局；三处相对独立的小园林建置在古树参天、郁郁葱葱的广阔的自然环境里，每一处小园林均有一幢宫殿作为主体建筑物，相当于达赖的小朝廷。第一处小园林包括格桑颇章宫和以长方形大水池为中心的一区，具有宫苑结合的意味。水池南北并列三岛，分置湖心宫、龙王殿和种植树木。池中遍栽荷花，池周有大片草地和丛林，其间若隐若现散布着一些体量小巧精致的建筑物，环境十分幽静，颇似佛教中"极乐国土"的形象。第二处小园林是紧邻于前者北面的新宫一区。新宫为十四世达赖丹增嘉措于20世纪50年代新建，位于园林中央，周围环绕大片草地和树林，其间点缀着少量花架、亭、廊等小品。第三处小园林位于罗布林卡西部，称为"金色林卡"，主体建筑是十三世达赖土登嘉措修造的金色颇章宫，规模颇大，附有几组小型建筑，构成规整式园林的格局。金色林卡西北部为十三世达赖居住和习经的别墅，建筑小巧，造型活泼，随意展开。其西边还开凿一泓清池，池中一岛象征须弥山。又引一水渠绕至西南汇入另一圆形水池，池中建圆形凉亭。这里的建筑群结合风景式园林布局显得亲切而具有浓郁的生活气息，与金色颇章宫的严整恰成鲜明对比。

罗布林卡以大面积的绿化和植物成景所构成的粗犷的原野风光为主调，也包含着自由式和规整式的布局。园路多笔直，较少蜿蜒曲折。园内引水凿池，但无人工堆筑的假山，也不作人为的地形起伏，因此景观一览无余。园林意境以表现佛教为主题，没有儒、道思想哲理，更无文人的诗情画意。园林建筑一律为典型的藏族风格，局部装饰装修和某些建筑小品则受到汉族影响，也有西方影响的痕迹。

罗布林卡是现存藏族园林中规模最大、内容最充实的一座，是藏族园林的代表作品。

砖石之魂

建筑与园林中的文学遗产

饱含文化底蕴的文学艺术

自中国加入世界遗产组织以来，已有 26 项古典建筑与园林陆续被列入《世界遗产名录》，本书对其中大部分遗产进行了介绍。这些独具特色的古典建筑与园林已经成为全人类共同的遗产，备受全球的关注，是世界建筑与园林遗产的奇葩。中国古代建筑与园林饱藏着历代文人墨客们的各式文学艺术作品，这些作品不仅增添了建筑与园林的文化底蕴，客观地反映了不同时期的历史背景、政治风貌、经济发展、社会兴衰、工艺水平、审美情操，而且反映了不同地域、不同历史时期的造园者对于个人、自然与社会的关系的阐释及其人生哲学，因此，它们不仅折射出设计者、营造者以及当时社会的自然观、社会观，而且蕴含了儒教、佛教、道教等哲学、宗教思想以及山水诗画等传统文学与艺术，具有极高的文学价值，是我国文学遗产的重要组成部分。

中国古典建筑与园林作为传承优秀文学遗产的载体具有多种形式，其中以砖刻、匾额、楹联和诗文比较多见。砖刻通常是由字、词组成的，匾额、楹联则往往是对仗的句子，而诗文则是长短不一的诗、词、赋等。这些作品，或设计者、营造者留下的真迹，或历代文人墨客们游览留下的佳作，都是中国优秀传统文学遗产的代表和缩影。全面地介绍这些文学遗产，并非本书篇章所能囊括。为了便于读者了解我国古代建筑与园林中的文学遗产，本书结合前文所介绍的建筑与园林案例，择其代表进行介绍，以便读者从中窥探我国古代建筑与园林中文学遗产的丰厚。

苏州园林的砖刻

砖刻在各种建筑中都有所见，常见于古典园林，以苏州园林为著。

狮子林里有不少典型的砖刻。南向大门门额"狮子林"，由清高宗乾隆书，意为：状如佛国狮兽的奇峰怪石林立之禅寺。门厅两廊砖刻"仰韩"、"景范"，"韩"指韩琦，"范"是范仲淹，二者都是北宋大臣，当时曾共同防御西夏，时人并称"韩范"，此砖刻的含义是对宋代贤臣韩琦、范仲淹的敬慕。燕誉堂墙侧砖刻横额"入胜"、"通幽"，均为指示性的题咏砖刻，意为"渐入佳境"、"通向幽胜之境界"，揭示了一种静谧悠长的意境。燕誉堂圆洞门额"听香"，即闻花香，这是一种"通感"手法，诉诸嗅觉的"闻香"是人们惯常的生活体验，而将此感受幻化为"听"的形态，更显得自然撩人，突出了花木散发的芳香赏心怡神。燕誉堂圆门砖额"读画"，意为"观赏天然画本"，这又是一个启示性题咏，诱导人们去观赏如画的美景，中国国画画中有诗，诗中有画，"读画"是观画的雅称。燕誉堂圆洞门砖额"胜赏 幽观"，也是提示性题咏，意为尽情观赏胜景和幽美的景观。古五松园月洞门宕砖刻"得其环中"，"环中"即圆环之中心，出自《庄子·齐物论》："彼是莫得其偶，谓之道枢。枢始得其环中，以应无穷。"用来借喻灵空超脱的境界。古五松园前廊洞门砖刻"兰芬桂馥"，意为兰桂芳香，香味久远，用来表示园主德泽长留，喻指其品格高洁。

沧浪亭最南端石屋石刻门额"印心石屋"，由道光帝手书，赠予陶澍。"印心"即心心相印,取佛家著作《景德传灯录》,"衣以表信,法乃印心",喻指"佛法印心之屋"。石屋前假山有一个林则徐草书摩崖"圆灵证盟"。"圆灵"取自谢庄《月赋》,"柔祇雪凝,圆灵水镜",是指在月光朗照下,地如雪凝,天如水镜,"证盟"是佛教语,谓佛教徒传法。五百名贤祠署头石刻"景行维贤",其作者是负责修建沧浪亭的陶澍,意为行为光明正大,德行高尚,乃为后人仰慕的贤德之人。五百名贤祠东月洞门砖额"周规折矩",意谓五百名贤皆能恪守儒家的礼仪法度。

拙政园中远香堂东南长廊砖刻"复园",其作者是清乾隆年间的陈鳣。他在修葺过程中,旨在恢复名园山水旧貌,故名"复园"。东部旧宅中也有很多有名的砖刻。一字形照墙上有砖刻"迎祥",谓"迎来吉祥"之意。轿厅门楼上有砖刻曰"基德有常"。"基"为事物的根本,"德"作动词"立德"讲,"有常"意为有常规、准则,故该四个字的含义是事物的根本是立德,这是有常规准则的。大厅门楼有砖刻"清芬弈叶",意指"世代德行高洁","清芬"比喻德行高洁,"弈叶"表示累世,此可指世世代代。第三、第四进庭院东月洞门砖刻"延月惠圃"。"延",延请,与李白的"举杯邀明月"同一韵味;"惠"同"蕙",一种香草,喻指君子所内蕴的优秀品德。第三、第四进庭院西月洞门砖刻"梳风","梳"即梳理、调理,将缕缕清风拟人化,意为"调理清风"。饭庄(鸳鸯花篮厅)有东砖额"春古"和西砖额"雪晴",分别指"春意永恒"和"雪停止,天放晴"。

网师园廊庑东小天井有王文治(清)所书的砖刻"锁云","云"盖指自然风云、自然美景,将其"锁"住,谓自然美景为我所有。廊庑西天井有冯桂芬撰写的砖刻"钮月",即"锄月",

"钮"为"锄"的异体字,此处借用晋田园诗人陶渊明《归园田居》其三中的"种豆南山下,草盛豆苗稀。晨兴理荒秽,带月荷锄归"之意,表示唾弃富贵,种田自给,寓隐逸情愫。殿春簃庭院西壁砖刻"先仲兄所豢虎儿之墓",是绘画大师张大千先生怀念旧居,寄情虎儿而题的墓碑。殿春簃门框东砖刻"潭西渔隐",属指示性题咏,提示人们池西尚有隐逸之趣。殿春簃门框西砖刻"真意",作者何澄于1940年买下网师园,随取东晋陶渊明《饮酒》诗"此中有真意,欲辩已忘言"之意而题,意思是"这里自有真意妙趣,欲待解说,却已忘了想说的言语"。

留园绿荫轩南庭院墙的石匾"华步小筑",是嘉庆丁巳春正竹汀居士钱大昕题识,意指"花步里的小建筑","华步"即"花埠",指装卸花木的埠头。曲溪楼八角门洞有一砖额——"曲溪",楼周有清流回宕、修竹映带、古树掩映,作者文徵明会意流觞曲水以名额,借景寓情,令人回味。五峰仙馆东侧月洞门额"静中观",取唐·刘禹锡"众音徒起灭,心在静中观"的诗意,表达了作者欲穿透表象,静观内蕴,超越人世烦恼,从而达到一种绝对自由的人生境界。

匾额与楹联

在中国古典建筑与园林中,匾额和楹联有的写景,有的抒情,写景的托物言志,抒情的直抒胸臆,还有的既写景又抒情,文化底蕴颇深。在一定的程度上,匾额和楹联是建筑与园林的画龙点睛之笔,传达了主人和设计者的思想与心声。

故宫经典楹联尤以乾隆皇帝所题楹联最多,如题弘德殿的"二典三谟,法尧舜之道,五风十雨,协天地之心"。其中,"二典三谟"指《尚书》中《尧典》、《舜典》及《大禹谟》、《皋陶谟》、《益稷》;"五风十雨"则指风调雨顺。乾隆题永祥门的"北阙辉煌云正丽,祥光遍护春台",题太和殿的"龙德正中天,四海雍熙符广远;凤城回北斗,尤邦和谐颂平章",题保和殿的"祖训昭垂,我后嗣子孙尚克钦承有永;天心降鉴,惟万方臣庶当思容保无疆",题武英殿的"四库藏书,宝笈牙签天禄上;三长选俊,缥囊翠袖月华西",题乾清宫的"克宽克仁,皇建其有极;惟精惟一,道积于厥躬"。此外,康熙题皇极殿的"皇图盛际阳春,观苍驾日升九照;帝座高临北极,庆紫垣星拱端居",题景阳宫的"颂启椒花,百子池边日暖;觞浮柏叶,万年枝上春晴",题乾清门的"帝座九重高,禹服紫疆还九极;皇图千禩永,尧天舜日启青阳",题太极殿的"以仁义为巢,凤仪阿阁;与天人合机,象供宸居";雍正题斋宫的"克践厥猷,聪听祖考之彝训;无斁康事,先知稼穑之艰难",题上书房的"立身以至诚为本,读书以明理为先";慈禧题体和殿的"日映东方,光华被艺圃;源流北海,沆瀁挹文澜";张居正题文华殿的"四海升平,翠幄雍容探六籍;万几清暇,瑶编披览惜三余";李岩题乾清宫暖阁的"学骑坠地仗龙驹,试剑杀妃伤长女,君王神武是何帝;命相年达十余辈,理财添饷千万两,政府昏横过暴秦"。

皇家园林颐和园内有很多帝王所题的著名楹联,如乾隆题十七孔桥的"虹卧石梁,岸引长风吹不断;波回兰浆,影翻明月照还空",题画中游的"闲云归岫连峰暗,飞瀑垂空漱石凉";光绪题德和园颐乐殿的"松柏霭长春,画图集庆;蓬莱依胜境,杰构灵光",题近西轩的"千条嫩柳垂青琐,百啭流莺入建章"。

此外，慈禧题紫霄殿的"上林万树连西掖，北极诸星拱太微"，题藕香榭的"玉瑟瑶琴倚天半，金钟大镛和云门"。园内涵远堂的楹联"西岭烟霞生袖底，东洲云海落樽前"和十七孔桥上的另一副对联"烟景学潇湘，细雨轻航暮屿；晴光总明圣，软风新柳春堤"等都堪称佳作。

避暑山庄内的楹联至今仍为人赞叹。例如，康熙题避暑山庄寝宫正殿烟波致爽殿的"三秀草盛云焕彩，万年枝茂露香凝"，题避暑山庄东暖阁的"香袅金炉春昼永，兰芳玉砌晓风清"；乾隆题避暑山庄云帆月舫的"疑乘画棹来天上，欲挂轻帆入镜中"，题普宁寺大乘之阁的"其大神通完十行，是真清净现三身"，题普宁寺大雄宝殿的"福溥人间，阿耨耆阇开紫寒；妙函空有，栴檀蒼卜护金绳"。彭元瑞、纪昀题避暑山庄万壑松风殿的"八十君王，处处十八公，道旁介寿；九重天子，年年重九节，塞上称觞"。虞斌岱题高山流水亭的"天门倒泻一帘雨，梵石灵呵千载文"，赵新儒题五贤祠联"名贤为胜地增光，来游莫作凡民想；古祠与泰山并寿，到此方知学者尊"，等等。

网狮园中濯缨水阁的匾联颇具风格：其匾额"濯缨水阁"，意为用洁净的清水洗涤沾染世俗尘埃的帽带之阁。这是一个写志额，用清水洗涤干净世俗的尘埃，表达了清高自守之志。濯缨水阁对联之一：曾三颜四，禹寸陶分。据苏叟《养苛杂记》载，此联是乾隆光禄寺少卿宋宗元重修网师园、恢复濯缨水阁后，请郑板桥所题，其联意为，曾参每日三省吾身，颜渊恪守"四勿"信条，大禹珍惜寸阴，陶侃宝爱分阴，是典型的格言联。引自四个典故，八个字讲了四位历史人物的故事：联中的"曾"字，即孔子弟子曾参，《论语·学而》篇中记载曾参的话："吾日三省吾身……为人谋而不忠乎？与朋友交而不信乎？传不习乎？"；

"颜"为孔子弟子颜回,《论语·颜渊》篇记载:"子曰:'非礼勿视,非礼勿听,非礼勿言,非礼勿动。'颜渊曰:'回虽不敏,请事斯语矣。'";"禹寸"指的是大禹珍惜每一寸光阴,《游南子》谓:"大圣大责尺壁,而重寸之光阴";"陶分"指学者陶侃珍惜每一分时光,《晋书·陶侃传》记载陶侃"常语人曰:'大禹圣者,乃惜寸阴;至于众人,当惜分阴。岂可逸游荒醉……是自弃也。'"。全联言简意赅,囊括了广博深邃的内容,用于激励人们要珍惜人生的大好时光,积极学习,不断完善自己。濯缨水阁对联之二:"于书无所不读,凡物皆有可观。"此联挂在"濯缨水阁"外廊柱上,出句集自苏辙的《上枢密韩太尉书》,意思是说,以前交游的只是"邻里乡党之人",范围太窄;所见的仅是"数百里"无"高山大野"之乡;对句集自苏轼的《超然台记》,"凡物皆有可观,苟有可观,皆有可乐,非必怪奇伟丽者也",其含义是,果蔬草木,皆可以饱,粗菜淡酒,皆可以醉,以此类推,"吾安往而不乐"!物皆有尽,人欲无穷,必然导致失意与痛苦,只有心志不为外物所诱,逍遥于物外,超脱一切,随缘自适,才能达到安恬潇洒的生命境界,安然自得,表现了作者旷达乐观的人生态度。濯缨水阁对联之三:雨后双禽来占竹,秋深一蝶下寻花。此联为清刘墉所作,意为:"雨后,一双飞鸟落在翠竹上;深秋,一只蝴蝶飞来寻鲜花。"全联意境清幽恬淡,洋溢着温馨新鲜的气息和勃勃生机,极富诗情画趣。

　　留园五峰仙馆篆书匾额"五峰仙馆"是象形写意式题咏,馆前厅山是写意的庐山五老峰,意为"像庐山五老峰的仙馆",题额牢固地把握住了厅前景象特征,调动人们的艺术想象加以深化,孕育出耐人品味的意境,激起人们思想的遨游。五峰仙馆内楹联颇多,其中北厅楹联最具特色,曰:"读《书》取正,读

《易》取变,读《骚》取幽,读《庄》取达,读《汉文》取坚,最有味卷中岁月;与菊同野,与梅同疏,与莲同洁,与兰同芳,与海棠同韵,定自称花里神仙。"作者清风石陆润庠,联意为:读《尚书》取其雅正,读《易经》取其善变,读《离骚》取其幽思,读《庄子》取其放达,读《汉书》取其精核,最具味道的是潜心在书中的时光;与菊花同拙朴,与梅花同疏朗,与莲花同高洁,与兰花同芬芳,与海棠同风韵,一定会自称是花里的神仙。出句谈读书之乐。作者选取了五部有代表性的著作,吸取其精髓,从中获取无穷乐趣;对句借咏花喻指人品格高洁脱俗,心志不凡。上下联各取五句,并都用五字成韵,以合五峰之数,可谓匠心独运。读来清香满口,花美人亦美。全联对仗工整,情志高雅,寄托遥深。此外南厅楹联亦颇具盛名:迤逦出金阊,看青萝织屋,乔木干霄。好楼台旧址重新,尽堪邀子敬重游、元之醉饮。经营参画稿,邻郭外枫江、城中花坞。倚琴樽古怀高寄,犹想见寒山诗客、吴会才人。此联由薛时雨集园主盛康句,郭仲选书。译意:迤逦曲折地走出苏州西城阊门,但见青色的青藤紫萝缠满墙屋,树木参天。楼阁美好,旧地重新,尽可邀请王子敬这样的风流雅士再来此清游,王禹偁这样的诗人也可在此痛饮美酒了;留园的经营布局参照画稿:西邻城外寒山寺,东邻城内桃花坞。抚琴饮酒,思古情深:真想一睹唐时天台山诗僧寒山子、明唐寅、祝允明、文徵明、徐祯卿等吴中大才子的风采。

拙政园中玲珑馆的行额"玲珑馆"取苏舜钦《沧浪怀贯》诗"秋色入林红黯淡,日光穿竹翠玲珑",意为竹林青翠玲珑之馆。撷竹之色彩风韵名馆,给人以具体形象的美感。行楷横额"玉壶冰"取南朝宋鲍照《代白头吟》诗"直如朱丝绳,清如玉壶冰"。用盛冰的玉壶比喻洁白无瑕,显示出园主的清高超脱。

馆内有王文治所做的行书对联一副：林阴清和，兰言曲畅。流水今日，修竹古时。大致意思是：林木成阴，天朗气清，至爱亲朋，畅叙共同的心声，气味香如兰花；今天的名园也有茂林修竹，文人雅士曲水流觞，不逊当年。全联状景抒情，反映了士大夫文人纵情山水的闲雅情志。另有"子青张之万"的楷书楹联一副：曲水崇山，雅集逾狮林虎阜；莳花种竹，风流继文画吴诗。环曲的流水和高崇的山峰，文人聚会之乐超过狮子林和虎丘山；移栽花草种植竹子，风流儒雅可继当年文徵明的画和吴伟业的诗。全联叙事写景，旨在咏歌文人雅集之乐，大有晋时会稽山阴王羲之等人兰亭修禊的遗意，令人心往神驰。匾额以东部几个旧额较佳，旧门额"归田园居"乃明文震孟题，意为：回归田无之居所；"一丘一壑"为明崇祯年间陈无素书，源出《汉书·叙传》，"渔钓于一壑，则万物不奸其志；栖迟于一丘，由天下不移其乐"，喻指隐栖山林。"可竹"是"明四家"之一沈周所书，意为"可心之竹"，以竹子的虚心有节，比喻清拔凌云。

狮子林大厅（原祠堂）匾额：云林逸韵，意为元代画家倪云林超众脱俗潇洒风流。作者顾廷龙。云林是指倪瓒（倪云林），其画与黄公望、吴镇、王蒙合称"元四家"，明洪武六年（1373），他过狮子林的时候，应如海方丈之请，为狮子林作图、诗各一，狮子林由此名声大噪，后人遂把狮子林和倪云林连在一起。大厅楹联之一：枕水小桥通鹤市；森峰旧苑认狮林。由萧劳撰书，意为：枕着流水的小桥通向鹤市坊，峰峦林立的旧苑认出狮子林。此联叙事状景，突出了以森峰旧苑为特色的园林景观。大厅楹联之二：似黄道流星散落百座；忆云林作稿点活五龙。由王遽常撰书，意为：好像黄道周围的流星洒落人间成百座星星；回忆当年倪云林画《狮子林图》，将似五龙的假山点活。出句形容园中的太湖石假山；对句回忆当年倪云林为狮子林作画的情事，极赞云林的画艺。

岳阳楼中比较有名的楹联举不胜举，历代文人都以登此名楼，吟诗作赋为荣。众多名联中，三楼李白所做的短联"水天一色，风月无边"最具盛名。其次当属清·何绍基所做的长联：一楼何奇？杜少陵五言绝唱，范希文两字关情，滕子京百废俱兴，吕纯阳三过必醉。诗耶、儒耶、吏耶、仙耶，前不见古人，使我怆然涕下；诸君试看：洞庭湖南极潇湘，扬子江水通巫峡，巴陵山西来爽气，岳州城东道崖疆，潴者，流者，峙者，镇者，此中有真意，问谁领会得来？此外，欧阳修所撰之联：我每一醉岳阳，见眼底风波，无时不作；人皆欲吞云梦，问胸中块磊，何时能消？

黄鹤楼中的楹联中，何绍基的"我从千里而来，看江上梅花，已开到红羊劫后；水云一去不返，听楼中玉笛，又吹起黄鹤高飞"；"数千年胜迹旷世传来。看凤凰孤屿、鹦鹉芳洲、黄鹤渔矶、晴川杰阁，好个春华秋月，只落得剩山残水。极目古今愁，是何时崔颢题诗、青莲搁笔？一万里长江几人淘尽？望汉口夕阳、洞庭远涨、潇湘夜雨、云梦朝霞，许多酒兴风情，惟留下苍烟晚照。放怀天地窄，都付与笛声缥缈、鹤影蹁跹！"；"何时黄鹤重来？且自把金樽、看洲渚前年芳草；今日白云尚在！问谁吹玉笛、落江城五月梅花？"

滕王阁中比较有名的楹联有：李白的"我辈复登陆，日报湖山千里而外；奇文共欣赏，人在水天一色之中"；"有才人一序在上头，恨不将鹤鹉洲赐翻，黄鹤楼捶砰；叹沧海横流无底止，慨然思班定远投笔，终于云请缨"；"依然极浦逻天，想见闽中帝子；安得长风巨浪，送来江上才人"；"滕王何在，剩高阁千秋，剧怜画栋珠帘，都化作空潭人影；阁公能传，仗书生一序，寄于东南宾主，莫看轻过路才人"；"白云自向杯中落，小艇原从天上来"；"隔岸眺仙踪，问楼头黄鹤，天际台云，可被大江留住；绕栏寻胜迹，看材外调波，洲边芳草，都凭杰阁收来"；"兴废总关情，看落霞孤鹜，秋木长天，幸此地湖山无恙；古今才一瞬，问江上才人，阁中帝子，比当企风景如何"。

寺庙、祠堂等古建中的楹联也比比皆是。例如，乾隆题畅春园恩慕寺的"慈福遍人天，祥开佛日，圣恩留法宝，妙现心灯"；乾隆题法源寺无量殿的"参透声闻，翠竹黄花皆佛性；破除尘妄，青松白石见佛心"；乾隆题圣祚隆长寺的"妙谛不多弹一指，善缘无量佛千身"；乾隆题黑龙潭龙王庙的"幸逢嘉霖敷优泽，一洗粉尘转润姿"；康熙题戒台寺的"禅心似镜留明月，松韵如篁振午风"；雍正题潭柘寺大雄宝殿的"鹫头云闲，空界自呈清净色；龙潭月皎，圆光长现妙明心"，题畅春园恩佑寺的"万有拥祥轮，净因资福；三乘参慧镜，香界超尘"。板桥道人题白云观华室的"咬定一两句书，终身得益；栽成六七竿竹，四壁皆清"。林则徐题陶然亭的"似闻陶令开三径，来与弥陀共一龛"。李瑞玉题白云观玉皇阁的"阶而可升，恰东接城阴西连塔影；室虽云陋，喜风敲铎韵雨温钟声"。彭定求题韩愈祠的"进学解成，闲官一席曾三仕，起衰力任，钜制千秋本六经"。魏源题于谦祠的"砥柱中流，独挽朱明残祚；庙容永奂，长赢史笔芳名"。桂萼题松筠庵的"燕市宅依然，两疏共传公有胆；椒山堂在否，三年不出彼何心"。李鸿章题安徽会馆的"依然平地楼台，往事无忘宣榭警；犹值来朝车马，清时喜赋柏梁篇"。刘墉题阅微草堂的"两登耆宴今犹健，五掌乌台古所无"。前文所述的名寺中，也有诸多楹联流传。例如，河北正定隆兴寺中，清·梁清标题的"月上斗圆光，示教禅心兼法味；风吹清梵乐，归诚景福应真言"；佛缘堂的"贪心、妄心、爱心，莫忘心中善根；观佛、拜佛、求佛，当知佛为何人"。五台山佛光寺中，"寺院有尘清风扫；山门无锁白云村"。恒山悬空寺中，蒋治本题"悬空便欲乘云去，临水方知得月先。"独乐寺观音阁中，爱新觉罗·弘历题观音阁的"琳宇近神，慈云广荫；法筵传古迹，宝月常新"，行宫的"短长诗句闲中捡，来往年华静里观"。

"三孔"之中的楹联颇多。孔府的楹联中，流传较广的当属明朝宰相李东阳所作、清人纪昀（纪晓岚）手书的"与国咸休安富尊荣公府第，同天并老文章道德圣人家"一联。这副对联文佳字美，口气之大自不待言，形象地说明了孔府在封建社会中的显赫地位。发人深思的是上联"安富尊荣"的"富"字，下联"文章道德"的"章"字，"富"字上少了一点，"章"字中多了一笔，意思是说衍圣公官职位列一品，田地万亩千顷，自然富贵没了顶；孔子及其学说"德侔天地、道冠古今"，圣人之家的"礼乐法度"，也就能天地并存，日月同光。此外，府内还有很多优秀楹联：孔府前堂楼东间的"从正好为天下雨，民交喜又古人风"，前上房正堂的"道德为师仁义为友，礼乐是悦诗书是敦"，二堂伴官厅的"先秦古书三代法物，中朝冠冕东国人伦"，后堂楼西厢的"鸿慈普被福颂九如，鹤算长绵仪隆一品"，前上房的"居家当思清内外，别尊卑，重勤俭，择朋友，有益于己；处世尤宜慎言行，守礼法，远小人，亲君子，无愧于心"，三堂上房内的"十月偏如春气暖，三秋雅爱月光寒"，中恕堂东房的"雪洒梅花知品格，霞明凤尾见词章"，小南屋的"得趣在山林以外，观人于取舍之间"。此外，孔庙内有12首有名的楹联，包括乾隆题先师庙大成殿的"气备四时，与天地日月鬼神合其德，教垂万世，继尧舜禹汤文武作之师"，第一道腰门的"德侔天地，道贯古今"，孔庆镕题前上房的"居家当思，清内外、别尊卑、重勤俭、择朋友，有益于己；处世尤宜，善言语、守礼法、远小人、亲君子，无愧于心"，杏坛的"泗水文章昭日月，杏坛礼乐冠华夷"，毕沅题的"恩纪金鱼，永镇东山荣戟；祥呈玉燕，常绵北海簪缨"；奎文阁的"祖述尧舜，宪章文武；德参天地，道贯古今"，"莲潭水明，直同泗水；半屏山秀，俨如尼山"，"先师功德垂青史，儒学精华照五洲"，"文圣吾祖，恩泽海宇；千古巨人，万事先师"，"圣地多娇，人祭轩辕，儒尊孔子；名城焕彩，山朝泰岱，水仰沂河"；"允矣斯文，为古今中外君民立允极；大哉夫子，合诗书易礼春秋集大成"，"允矣斯文为古今中外君民立允极，大哉夫子合诗书易礼春秋集大成"，等等。

  山西省阳城县的皇城相府不乏楹联杰作。进入"相府"城门，过石牌坊，即见醒目一联"秤直钩弯知轻识重，磨大眼小粗进细出"，横批"水浊心清"，以物喻理，生动风趣，形象地反映出当年相府陈氏家族为官、治家、处世之道，亦给世人以有益的启迪。迈进"陈氏宗祠"，上房门柱上镌刻一副金字楹联"德积一门九进士，恩荣三世六翰林"。此联巧妙运用数字，表现出陈氏家族在明朝成化年至清朝嘉庆年之间的显赫地位。城东南"春秋阁"角楼，塑有关公像，柱上刻有一联"心存汉室三分鼎，志在春秋一部书"。院内又有两联佳作："忠厚培心和平养世，诗书启后勤俭持家"，修身养性，忠厚待人，以及遵循书理的优良家风，从楹联中足可窥一斑而知全豹。"益智有珠比德于玉，学为古镜平理若衡"，以德比玉，以古人为镜，令人赞叹。康熙皇帝赐予文渊阁大学士兼吏部尚书陈廷敬的"春归乔木浓阴茂，秋到黄花晚节香"一联，寥寥 14 字，形象地表现出对陈评价之高。

峨眉山古建筑中的楹联：葆光法师（朝鲜）题报国寺的"风和花织地，云净月满天"，董必武题报国寺的"皓月无幽意，清风有激情"。伏虎寺楹联"山色溪声，领略几许禅机，过去未来现在；花香鸟语，普示无边圆觉，碧莲白象青狮"中，"禅机"指佛教禅宗的哲理，"圆觉"谓圆满之灵觉，"碧莲、白象、青狮"代指释迦牟尼、普贤菩萨和文殊菩萨。金顶的"绝顶俯晴空，洞观云海千层，大地苍茫开眼界；佛光传胜景，指点雪山万仞，长天澹荡豁胸襟"、"咫尺创奇观，好探金石千声，云霞万色；庄严垂宝相，默会莲台九品，贝叶三乘"；华严顶的"哪得一身闲，把酒凭栏，问五霸七雄而今安在？休将百年计，赋诗寄兴，看清风明月亘古如斯"、"诵华严一部，空空洞洞，方知十丈红尘皆超象外；看峨岭终年，浩浩荡荡，只有半轮秋月常挂人间"；初殿的"莲花石可为枕，翠竹峰可为屏，滚滚百道泉，到处尽空烟云色；蒲公庵位于前，华严顶位于后，遥遥数千年，至今犹有汉唐风"、"天地几闲身，试问名利场中，哪有此清凉世界？光阴如过客，每到山水佳处，更莫负潇洒胸怀"；息心所的"佛云：不可说，不可说！子曰：如之何，如之何？"。其中，"不可说"是佛经中常见的术语。佛家认为，最高境界的"真理"，只能证知，不可言说。"如之何"，常见于儒家经典《论语》一书，它有多种含义，如"怎么办"、"为什么"、"怎么"等，都可用"如之何"来表达。洗象池的"此心须清静离尘，请看峨眉峰巅半轮秋月；我佛本慈悲渡世，莫负普贤菩萨十万愿行"。

浙江省普陀山普济寺曾引得众多文人学者为其题联。院内佚名所题的"朝汐撼危崖,溯渤涛声,即是观音未现;海天开净土,庄严世界,居然正法如来"一联,绘景说法相兼,上联开端两句实写,下联笔势宕开,展现了一幅风平浪静、广阔无边的海天风光图。沈恩孚题的"一念即慈航,将以出世渡人还须入世;十年曾面壁,此是东方初祖来自西方",上联谓观世音菩萨,下联评达摩祖师,登望海亭,既可放眼望海,收亿万重浪于眼底;又宜倾耳听潮,集百千钟乐于耳中。此外还有潘力生的"慧光欣普照,济渡仰慈航"和"普天率土怀恩泽,济难扶危仰德荫",刘凤生的"幻迹说花开,海岳灵奇通宝界;明心同月印,楼台灿烂现金光"和"幻迹说花开,海岳灵奇通宝界;明心同月印,楼台灿烂现金光",苏曼殊的"乾坤容我静,名利任人忙",菲律宾三宝弟子吴文选等所题的"香曼陀花庄严绝妙,证菩提树色相皆空",郭沫若的"兰若即清,竹林亦静;诸天不老,大地皆春"("兰若"是梵语阿兰若之略语,指僧人之居处,"诸天"是众天之总称),李求真的"佛有慈心,众生普渡;门留善念,万事穷通",吴昌硕题的"山以抱员天,半偈通禅诗语佛;沙滩谈浩劫,一亭临海水朝宗",等等。

山西五台山中的楹联:五台山"无人无我观自在,非空非色见如来;古佛堂前风扫,高山顶上月为灯",山门的"归元无二路,方便有多门",南山寺五观堂"五观若存金易化,三心未了水难消",南山寺"普天下是诸佛道场,无一日不作善事;盖世界皆国王水土,非片时不报神恩",显通寺的"觉路广开兮,度无量无数无边众生同离苦网;迷途知返矣,愿大雄大力大慈诸佛常转法轮",广仁寺十方堂的"到此即空还即色,迩时宜雨亦宜晴",殊像寺的"微笑拈花,佛说两般世界;拨观照影,我怀一片冰心",佛光寺的"寺院有尘清风扫,山门无锁白云封",

普化寺的"青山寺后立,春来宜作千秋画;绿水门前流,风起好弹万古琴",戒坛的"苦海无边,回头是岸;灵山初地,捷足先登"。

武当山中的楹联也不少见,经典楹联包括:磨针井祖师的"道步清虚,位登九五,金阙化身于九秋九;德居太上,尘遍三千,皇宫毓秀于三月三"。真武庙:"宝鼎随人转,北称君极尊";"帝德常高北阙,神威普照南天";"瑞映八方世界,恩覃十部阎君";"凤彩拥出三尊地,龙势生成一洞天";"移来福地在千界,借得武当一统天";"万载法轮如浩月,一生金甲待秋风";"众妙无门是谓玄之主,群魔尽扫是谓武之真"。紫霄宫太子洞:"六七载木石同居,何意朝宗来四海;八九重烟霞变态,方知俎豆播千秋";"身居坎位,玉相凛凛威宇宙;面向离宫,宝剑辉辉镇乾坤";"众妙无门是为玄之主,群魔尽荡乃谓武之真";"剑吐虹霓,万里风云昭日月;旗转斗罡,一天瑞气耀乾坤"。天仙圣母庙:"圣母殿上祥云长,碧玉宫中紫雾生","紫气遥临仙母殿,祥云高映碧霞宫","碧玉辉煌天仙殿,金珠灿烂圣母宫"。古遗三清天尊联:"无上三尊为乾坤之主宰,混元一炁为造化之根源","道贯三才,成始成终万物;德崇太极,至高至大三尊","具大神通,一炁三清,拯尽四州黎庶;显无边法,离龙坎虎,修成万劫金身","宝殿岿巍,睹金像庄严,已接三清法界;天香飘渺,对玉容整肃,如游九府神宫"。

名山名楼与诗文

关于建筑与园林的诗文很多,结合前文提到的古典建筑与园林，择录部分诗文以供读者鉴赏。

峨眉山诗文中，较早的有李白的《登峨眉山》，其中写道：

> 蜀国多仙山，峨眉邈难匹。周流试登览，绝怪安可息。
> 青冥倚天开，彩错疑画出。泠然紫霞赏，果得锦囊术。
> 云间吟琼箫，石上弄宝瑟。平生有微尚，欢笑自此毕。
> 烟容如在颜，尘累忽相失。倘逢骑羊子，携手凌白日。

此外，还有《南乡子·游峨眉山》（唐·李白）："最忆蜀山游，万仞峨眉不胜收。壑秀茏葱潺水碧，清幽，更有猕猴戏客留。寺庙盖千秋，伏虎雷音百座楼。巨象驮贤甘露润，虔求，云海霞光涌日酬。"《五绝·峨眉山金顶观日出》（唐·李白）："五色染云天，红轮浪上悬。低头看脚下，万壑嶂峰躜。"

武当山早在唐宋时期便有逸士游览，在武当山的玉虚宫、遇真宫等景区留下了脍炙人口的诗文。例如，《仙关》（明·胡宗宪）中云："一入桃源路转艰，天风吹我渡仙关。千层楼阁空中起，万叠云山足下环。搅辔自知王命重，杖藜聊与道心闲。元房寂寂春宵冷，月上疏帘手可攀。"《晓登天柱绝顶》（明·徐中行）曰："万丈奇峰展翠屏，千寻飞阁俯明庭。金容日映扶桑赤，仙掌云开太华青。已见祠坛封玉检，堪从石室问丹经。尘中漫道无仙骨，不妄元曾署岁星。"《玉虚岩》（明·胡泼）"竹杖芒鞋洞府游，玉虚仙景更清幽。自从混沌初分后，明月清风几万秋。"透过《武当歌》和《登武当大顶记》，仍可以窥探到几百年前的武当仙境。

武当歌
（明·王世贞）

黑帝不卧元冥官，再佐真人燕蓟中。乾坤道尽出壬午，日月重朗开屯蒙。人间大小七十战，一胜业已归神功。久从北极受尊号，却向西方称寓公。武当万古郁未吐，得吐居然压华嵩。是时岂独疲荆襄，雍豫梁益皆为忙。少府如流下白撰，蜀江截流排豫章。太和绝顶化城似，玉虚仿佛秦阿房。南岩雄奇紫霄丽，甘泉九成差可当。十年二百万人力，一一舍置空山旁。英雄御世故多术，卜鬼探符皆恍惚。不闻成祖帝王须，曾借玄天师相发。呜呼！汉王空邀王母过，高真不显宋宣和。功名虽盛毋乃晚，混沌时来当若何！

登武当大顶记
（元·朱思本）

延祐丁巳四月壬寅，蚤起，自武当山真庆宫登大顶。初穿林莽，寻微径，可五里所，碎石崎确，坏木纵横，迳渐湮芜，乍升乍降。万木交错，叶或大如箕，或小如蒙茸，或直上数百尺，或朴辐扶疏，皆昔所未见。质诸野人，亦莫能尽名也。复多花蛇土蝮，闻人声辄趋避。惟山蛭尤病人，藏败叶沙土中，看履则暖蚂而上，初如毛发，既饫人血，彭亨径寸，长倍之。故行者每数步必自视其足，见亟抉去，否则，流毒为疮痛，非旬月可瘳。盖山蛭多集巨蛇鳞甲中，螫人非水蛭比也。又七里所，缘青壁藤蔓而匍匐登。返顾嵌岩幽深，草木菁倩，惟闻水声淙淙，莫能窥其底也。咳唾笑语，山谷响应。怪禽飞翔，大如鸡鹜，小如雀鸽，光彩绚烂，鸣声清越，非所尝闻。强以其声之似人言者名之，则有"不空中空"，尤为异马。灵草敷荣，多黄精、芎藭、草乌、大黄之属。又七里所，至下天门。峭壁如削，辫竹系其巅，縋而下经可六丈。余则侧足石磴间，援竹而上。始则惧而颤，中也勇而奋，既至也则恬而嬉。天门砥平可寻丈，两石对立，上合而中通，谓之门亦宜。至此，山蛭、蛇虺皆无所见矣。山志云是为太安皇崖、显定极风二天，帝所治。复上五里所，为三天门。其势视下天门，差平夷，而从广倍之。乔松怪石，天风冷然，长萝卷舒，芬芳袭人。过此以往，无复甚峻，亦缭绕百转又数里，乃至绝顶。砻石为方坛，东西三十有尺，南北半之。中冶铜为殿，凡栋梁窗户靡不备，方广七尺五寸，高亦如之。内奉铜像九，中为元武，左右为神父母，又左右为二天帝，侍卫者四。前设铜缸一，铜炉二。缸可戍油一斛，燃灯长明；炉一置殿内，一置坛前。四望豁然，汉水环均若衣带，其余数百里间，山川城郭仿佛可辨。俯视群山，尽鳞比在山足，千态万状，如赴如抱，如听命侍役焉者。天宇晃朗，风景凌历。或云率以五鼓东望日出，尤为奇观，则又知非徒泰山、天坛、衡岳之为然，昔怯露宿，未暇验其说也。盘桓久之，乃逡巡而返。至真庆，午阴微转，大率为里仅三十，而真庆下至分道口，平地又二十有五里云。

寺庙的兴起，也引来文人墨客的颂赞。例如，在龙兴寺的诗文中，有《游第一山》(清·法海)，其中有云："三百年来瞬息间，红尘不染白云闲。老僧记取龙兴寺，第一人题第一山。"《第一山龙兴寺怀古》则写道："红尘侵入白云封，第一山中驾云龙。三百余年沧海变,不堪古寺听晨钟。"悬空寺诗文中,经典的有《望悬空寺》(明·汪承爵):"划石成香地,凭虚结构工。梵宫依碧,栈阁俯丹枫。诗壮磁窑雨,曾寒谷风口。跻攀真不易,遥望意无穷。"独乐寺诗文中,有《独乐寺》(清·仁宗嘉庆):"寺标独乐义奚求,兼爱原称墨者流。饶舌丰于皆是幻,一心无逸凛先忧。"佛光寺的诗文中,有《题佛光寺》(清·王秉韬):"雄殿压东岭,重门镇四隅。精严法律似,蟠际地天殊。樵采疑无路,风烟别有区。一乘归万象,于此见痴愚!"

黄鹤楼的诗文中,以李白和崔颢的诗文最为突出。《与史郎中钦听黄鹤楼上吹笛》(唐·李白):"一为迁客去长沙,西望长安不见家。黄鹤楼中吹玉笛,江城五月落梅花。"作者流放夜郎经过武昌时游黄鹤楼时,通过黄鹤楼听笛,巧借笛声来渲染愁情抒发了诗人的迁谪之感和去国之情。《望黄鹤楼》(唐·李白):"东望黄鹤山,雄雄半空出。四面生白云,中峰倚红日。岩峦行穹跨,峰嶂亦冥密。颇闻列仙人,于此学飞术。一朝向蓬海,千载空石室。金灶生烟埃,玉潭秘清谧。地古遗草木,庭寒老芝术。蹇予羡攀跻,因欲保闲逸。观奇遍诸岳,兹岭不可匹。结心寄青松,永悟客情毕。"诗人登临黄鹤楼,泛览眼前景物,即景而生情。既自然宏丽,又饶有风骨。《黄鹤楼》(唐·崔颢)中写道:"昔人已乘黄鹤去,此地空余黄鹤楼。黄鹤一去不复返,白云千载空悠悠。晴川历历汉阳树,芳草萋萋鹦鹉洲。日暮乡关何处是?烟波江上使人愁。"黄鹤楼几经损毁,于1981年重建时,将唐·阎伯理的《黄鹤楼》刻碑铭记:"州城西南隅,有黄鹤楼者,《图经》云:'费祎登仙,尝驾黄鹤返憩于此,遂以名楼。'事列《神仙》之传,迹存《述异》之志。观其耸构巍峨,高标巃苁,上倚河汉,下临江流;重檐翼馆,四闼霞敞;坐窥井邑,俯拍云烟：亦荆吴形胜之最也。何必濑乡九柱、东阳八咏，乃可赏观时物、会集灵仙者哉。"

滕王阁诗文中，以唐·王勃的《滕王阁序》最为脍炙人口。唐高宗上元二年（675）去南方看望父亲，路过南昌，恰值农历九月初九重阳节，时任都督阎伯屿在滕王阁大宴宾僚，王勃赴宴赋诗，写了这篇不朽的序文。

豫章故郡，洪都新府。星分翼轸，地接衡庐。襟三江而带五湖，控蛮荆而引瓯越。物华天宝，龙光射牛斗之墟；人杰地灵，徐孺下陈蕃之榻。雄州雾列，俊采星驰。台隍枕夷夏之交，宾主尽东南之美。都督阎公之雅望，棨戟遥临；宇文新州之懿范，襜帷暂驻。十旬休假，胜友如云；千里逢迎，高朋满座。腾蛟起凤，孟学士之词宗；紫电青霜，王将军之武库。家君作宰，路出名区，童子何知，躬逢胜饯。

时维九月，序属三秋。潦水尽而寒潭清，烟光凝而暮山紫。俨骖騑于上路，访风景于崇阿；临帝子之长洲，得天人之旧馆。层峦耸翠，上出重霄；飞阁流丹，下临无地。鹤汀凫渚，穷岛屿之萦回；桂殿兰宫，即冈峦之体势。

披绣闼，俯雕甍，山原旷其盈视，川泽纡其骇瞩。闾阎扑地，钟鸣鼎食之家；舸舰弥津，青雀黄龙之舳。云销雨霁，彩彻区明。落霞与孤鹜齐飞，秋水共长天一色。渔舟唱晚，响穷彭蠡之滨；雁阵惊寒，声断衡阳之浦。

遥襟甫畅，逸兴遄飞。爽籁发而清风生，纤歌凝而白云遏。睢园绿竹，气凌彭泽之樽；邺水朱华，光照临川之笔。四美具，二难并。穷睇眄于中天，极娱游于暇日。天高地迥，觉宇宙之无穷；兴尽悲来，识盈虚之有数。望长安于日下,目吴会于云间。地势极而南溟深,天柱高而北辰远。关山难越,谁悲失路之人?萍水相逢,尽是他乡之客。怀帝阍而不见,奉宣室以何年。

嗟乎!时运不齐,命途多舛。冯唐易老,李广难封。屈贾谊于长沙,非无圣主;窜梁鸿于海曲,岂乏明时?所赖君子见机,达人知命。老当益壮,宁移白首之心?穷且益坚,不坠青云之志。酌贪泉而觉爽,处涸辙以犹欢。北海虽赊,扶摇可接;东隅已逝,桑榆非晚。孟尝高洁,空余报国之情;阮籍猖狂,岂效穷途之哭?

勃,三尺微命,一介书生。无路请缨,等终军之弱冠;有怀投笔,慕宗悫之长风。舍簪笏于百龄,奉晨昏于万里。非谢家之宝树,接孟氏之芳邻。他日趋庭,叨陪鲤对;今兹捧袂,喜托龙门。杨意不逢,抚凌云而自惜;钟期既遇,奏流水以何惭?

呜呼!胜地不常,盛筵难再;兰亭已矣,梓泽丘墟。临别赠言,幸承恩于伟饯;登高作赋,是所望于群公。敢竭鄙怀,恭疏短引;一言均赋,四韵俱成。请洒潘江,各倾陆海云尔:

> 滕王高阁临江渚,佩玉鸣鸾罢歌舞。
> 画栋朝飞南浦云,珠帘暮卷西山雨。
> 闲云潭影日悠悠,物转星移几度秋。
> 阁中帝子今何在?槛外长江空自流。

岳阳楼诗文中,宋·范仲淹的《岳阳楼记》是典范之作:

"庆历四年春,滕子京谪守巴陵郡。越明年,政通人和,百废俱兴。乃重修岳阳楼,增其旧制,刻唐贤今人诗赋于其上。属予作文以记之。

予观夫巴陵胜状,在洞庭一湖。衔远山,吞长江,浩浩汤汤,横无际涯。朝晖夕阴,气象万千。此则岳阳楼之大观也,前人之述备矣。然则北通巫峡,南极潇湘,迁客骚人,多会于此,览物之情,得无异乎?

若夫霪雨霏霏,连月不开,阴风怒号,浊浪排空。日星隐曜,山岳潜形;商旅不行,樯倾楫摧,薄暮冥冥,虎啸猿啼。登斯楼也,则有去国怀乡,忧谗畏讥,满目萧然,感极而悲者矣。

至若春和景明,波澜不惊,上下天光,一碧万顷,沙鸥翔集,锦鳞游泳,岸芷汀兰,郁郁青青。而或长烟一空,皓月千里,浮光跃金,静影沉璧;渔歌互答,此乐何极!登斯楼也,则有心旷神怡,宠辱偕忘,把酒临风,其喜洋洋者矣。

嗟夫!予尝求古仁人之心,或异二者之为,何哉?不以物喜,不以己悲。居庙堂之高则忧其民,处江湖之远则忧其君。是进亦忧,退亦忧。然则何时而乐耶?其必曰"先天下之忧而忧,后天下之乐而乐"乎。噫!微斯人,吾谁与归?

此外,杜甫(唐)也写下了《登岳阳楼》:"昔闻洞庭水,今上岳阳楼。吴楚东南坼,乾坤日夜浮。亲朋无一字,老病有孤舟。戎马关山北,凭轩涕泗流。"不仅写出了洞庭浩瀚的不凡气势,亦触景伤情,写自己身世的凄凉孤寂,反映出诗人对时局的忧虑和关心。

各种建筑中,桥总能引起文人墨客的青睐。以赵州桥(安济桥)为例,其颂扬诗文不下百篇。例如王基宏(清)的《安济桥》:"安济石桥日月留,蟠龙踞虎汶河洲。无楹自夺天工巧,有窍能分地景幽。岂是长虹吞皓月,故教半魄隐清流。不言果老多神异,况剩白驴嵌石头。"清·张士俊的《安济桥二首》其一:"谁掷瑶环不记年,半沉河底半高悬。从来兴废如河水,只有长虹上碧天。"其二:"青龙谪下化长桥,日驾川流谁可摇。果老坠驴应有意,仙家游戏上云霄。"清·傅振商诗曰:"石桥碧影驾长虹,流水无心夕照中。千载乘驴人不见,徘徊学步愧青聪。"清·安汝功则将该桥描述成:"天桥苍虬卷,横披百步长。匪心坚不转,万古作津梁。"清·杜英在《安济桥有感》中发出了这样的感慨:"龙卧苍江势欲飞,马冲寒雨净无泥。影沉云掩半边月,路险天横千丈霓。人世变更仙迹在,水神畏避浪头低。凭栏洒尽伤时泪,落日太行山色西。"这些诗文表达了作者对于这座古桥之美的由衷颂扬。

大雁塔建成后,登塔抒情、赋诗作画的诗词文化活动空前辉煌。据不完全统计,千百年来,登临大雁塔,赋诗抒怀的诗人多达数百人,留下近千首作品。其中,唐高宗皇帝、上官婉儿、李适等都留下了不朽的篇章,兹择录如下:

谒大慈恩寺

(唐·李治)

日宫开万仞,月殿耸千寻。

华盖飞团影，幡红曳曲阴。
绮霞遥笼帐，丛珠细网林。
寥阔烟云表，超然物外心。

九月九上幸慈恩寺登浮屠群臣上菊花酒
（唐·上官婉儿）

帝里重阳节，香园万乘来。
却邪萸入佩，献寿菊传杯。
塔类承天涌，门疑待佛开。
睿词悬日月，长得仰昭回。

奉和九月九日登慈恩寺浮屠应制
（唐·宋之问）

凤刹侵云半，虹旌倚日边。
散花多宝塔，张乐布金田。
时菊芳仙酝，秋兰动睿篇。
香街稍欲晚，清跸扈归天。

题慈恩寺塔
（唐·章八元）

十层突兀在虚空，四十门开面面风。
却怪鸟飞平地上，自惊人语半天中。
回梯暗踏如穿洞，绝顶初攀似出笼。
落日凤城佳气合，满城春树雨濛濛。

礼慈恩寺题诗
（北宋·吕大防）

玄奘译经垂千秋，慈恩古刹闻九州。
雁塔巍然立大地，曲江陂头流饮酒。

登慈恩寺雁塔怀汴京
（北宋·蔡榷）

四面八方风韵悠，南山秦岭竟深秋。
紫微星隐将临顶，黄菊花开未解释。
叠叠燕台迷蓟羯，层层雁塔却幽州。
汴梁已有兴邦志，为爱东楼难得收。

慈恩寺上雁塔
（清·洪亮吉）

忆从初地擅名扬，阅劫来游竟渺茫。
韦曲花深愁暮雨，终南山古易斜阳。
高张岑杜诗篇冷，天宝开元岁月荒。
莫笑众贤名易朽，塔前杯水已沧桑。

此外，清·张伯驹写下了《水调歌头·庚戌中秋晚登雁塔看月出》："扶醉问明月，更上最高层。一年今夕偏好，毕竟是何情。说甚长安远近，曾与九霄多榜，万里共光明。宫阙水晶域，天地玉壶冰。秦山影，泾渭色，眼前清。惟有霜砧画角，犹向耳边惊。子弟梨园白发，姊妹昭阳飞燕，歌舞尽无声。几照马韦鬼驿；不独汉家营。"

园林中的诗文更具中国特色，在我国古典园林画龙点睛的左右。典型的例子是避暑山庄中康熙帝描述"烟波致爽"的诗句："山庄频避暑，静默少喧哗。北控远烟息，南临近壑嘉。春规鱼出浪，秋敛雁横沙。触目皆仙草，迎窗遍药花。炎风昼致爽，绵雨夜方赊。土厚登双谷，泉甘剖翠瓜。古人成武备，今卒断鸣笳。生理农桑事，聚民至万家。"全诗分别从山庄的地势、动植物和和平气氛等三大方面着笔，极写山庄之美。其中，"远烟"指北疆形势；"近壑"指松云峡等山区景观。"双谷"指一茎双穗的袁禾。苏州四大古典园林中，诗文墨迹到处可寻，典型的诗文包括明·姜埰的《己亥秋日游徐氏东园》、清·郑文焯的《归舟过花步里刘氏旧园》、元·惟则的《狮子林即景十四首》、清·弘历的《题文园狮子林十六景有序甲午》、清·张京度的《网师园》、清·陈松瀛的《游瞿氏网师园》、清·吴嘉淦的《冬日网师园燕集》、清·袁枚的《宿苏州蒋氏复园，题赠主人》等皆是园林文学遗产宝库的典型代表。以沧浪亭为例，历代题咏沧浪亭的诗文很多，其中比较有名的有北宋·欧阳修的《沧浪亭》：

> 子美寄我沧浪吟，邀我共作沧浪篇。
> 沧浪有景不可到，使我东望心悠然。
> 荒湾野水气象古，高林翠阜相回环。
> 新篁抽笋添夏影，老卉乱发争春妍。
> 水禽闲暇事高格，山鸟日夕相啾喧。
> 不知此地几兴废，仰视乔木皆苍烟。
> 堪嗟人迹到不远，虽有来路曾无缘。
> 穷奇极怪谁似子，搜索幽隐探神仙。
> 初寻一径人蒙密，豁目异境无穷边。

风高月白最宜夜，一片莹净铺琼田。
清光不辨水与月，但见空碧涵漪涟。
清风明月本无价，可惜只卖四万钱。
又疑此境天乞与，壮士憔悴天应怜。
鸱夷古亦有独往，江湖波涛渺翻天。
崎岖世路欲脱去，反以身试蚊龙渊。
岂知扁舟任飘兀，红蕖绿浪摇醉眠。
丈夫身在岂长弃，新诗美酒聊穷年。
虽然不许俗客到，莫惜佳句人间传。

对于沧浪亭的描述，北宋·苏舜钦的《沧浪亭记》不仅介绍了沧浪亭的历史，而且从中仍可看到当时沧浪亭的概括。现将全文介绍如下：

浮图文瑛居大云庵，环水，即苏子美沧浪亭地也。亟求余作《沧浪亭记》，曰："昔子美之记，记亭之胜也；请子记吾所以为亭者。"余曰：叹吴越有国时，广陵王镇吾中，治国于子城之西南，其外戚孙承佑，亦治园于其偏。迨淮南纳士，此园不废。苏子美始建沧浪亭，最后禅者居之，此沧浪亭为大云庵也。有庵以来二百年，文瑛寻古遗事，复子美之构于荒残灭没之余，此大云庵为沧浪亭也。

夫古今之变，朝市改易。尝登姑苏之台，望五湖之渺茫，群山之苍翠，太伯、虞仲之所建，阖闾、夫差之所争，子胥、种、蠡之所经营，今皆无有矣，庵与亭何为者哉？虽然，钱镠因乱攘窃，保有吴越，国宝兵强，垂及四世，诸子姻戚，乘时奢僭，宫馆苑囿，极一时之盛，而子美之亭，乃为释子所钦重如此。可以见士之欲垂名千载，不与其澌然而俱尽者，则有在矣。

文瑛读书喜诗，与吾徒游，呼之为沧浪僧云。

苏舜钦还作有《沧浪亭》，曰："一径抱悠山，居然城市间。高轩面曲水，修竹慰愁颜。迹与豺狼远，心随鱼鸟闲。吾甘老此境，无暇事机关。"作者寄情园林跃然纸上。

后　记

　　悠久的中国历史长河积累了丰富灿烂的建筑与园林文化遗产。限于篇幅，本书不可能完整地对其加以勾勒。尽管如此，笔者尽力在系统梳理中国建筑与园林遗产发生发展的基础上，精选中国的世界文化遗产代表作、全国重点文物保护单位为案例，并通过精美的图片让读者去领略我国建筑与园林的辉煌。这是本书的初衷。能否达到这个效果，只能由读者评判了。

　　本书是在王三山撰著的《中国建筑与园林》一书的基础上充实而成的。撰写过程中，我们不仅吸收了大量前人研究的成果，而且参考了国家文物局网、人民网、新华网、中国园林网等网站的内容。本书图片除由作者和朱良芳、李丹、李荣、彭敏惠、樊文珍提供外，其余图片均来自新华社。另外，万迅、李姗姗、殷敏参加了部分案例的编写，武汉大学出版社严红、夏敏玲为本书付出了辛苦的劳动。在此，我们向上述单位和个人一并表示感谢。

　　本书是国家社科基金项目"我国可移动文化遗产保护体系研究"（08BTQ042）和国家"985工程"项目"语言科学技术与当代社会建设跨学科创新平台"（985YK003）成果之一。

著　者

2009年2月16日